环境保护 2020：以提高环境质量为核心的战略转型

ENVIRONMENTAL PROTECTION 2020: The Strategic Transition with Environmental Quality Improvement as its Core

吴舜泽　万　军　秦昌波　王　倩　等／著

中国环境出版社・北京

图书在版编目（CIP）数据

环境保护 2020：以提高环境质量为核心的战略转型/吴舜泽等著．—北京：中国环境出版社，2017.8

ISBN 978-7-5111-3202-4

Ⅰ．①环…　Ⅱ．①吴…　Ⅲ．①环境保护—研究—中国　Ⅳ．①X-12

中国版本图书馆 CIP 数据核字（2017）第 123421 号

出 版 人　王新程
责任编辑　陈金华　宾银平
责任校对　尹　芳
封面设计　岳　帅

出版发行　中国环境出版社
（100062　北京市东城区广渠门内大街 16 号）
网　　址：http：//www.cesp.com.cn
电子邮箱：bjgl@cesp.com.cn
联系电话：010-67112765（编辑管理部）
010-67113412（教材图书出版中心）
发行热线：010-67125803，010-67113405（传真）

印　　刷　北京盛通印刷股份有限公司
经　　销　各地新华书店
版　　次　2017 年 8 月第 1 版
印　　次　2017 年 8 月第 1 次印刷
开　　本　787×1092　1/16
印　　张　10.75
字　　数　182 千字
定　　价　48.00 元

前　言

“十二五”时期，环境保护形势任务与思路理念开始发生明显变化。“十三五”时期，如何不断增加优质生态产品供给，如何满足广大人民群众日益增长的生态环境需要，是焦点、重点和难点。提高环境质量、加快补齐生态环境短板，是当前和今后一段时期的核心任务。这一基本判断，既是国家自然科学基金应急项目“‘十三五’时期我国经济社会发展若干重大问题的政策研究”的立题初衷，也是贯彻《“十三五”生态环境保护规划》前期研究的一条主线。

我们结合2014年国家自然科学基金应急项目“‘十三五’时期我国经济社会发展若干重大问题的政策研究”以及《“十三五”生态环境保护规划》研究等工作，开展了系统翔实的经济社会环境形势分析，从供需平衡的角度、从国际对标的视野，研究提出了与全面建成小康社会相适应的“十三五”环境保护目标，框架性地开展了如何推动以改善环境质量为核心的环境管理战略转型问题。

我们认为，要建立以改善环境质量为核心的环境管理体系，关键在于三点：①如何基于生态环境可达、经济技术水平可行、人民群众可接受三重原则确定2020年的环境目标，在环境质量难以全要素、全范围达标的情况下，既突出重点、确保底线以提高社会公众环境质量获得感，又稳准狠地提高环境质量改善的针对性、有效性。②要建立健全环境质量管理制度。没有机制体制的重构，以环境质量改善为核心的管理体系基础不牢，质量管理将无法落地生根而会仅仅停留在理念层面。③要制定环境质量管理相关政策，以使环环相扣、协同联动，既满足“十三五”期间环境攻坚战的阶段需求，也要持续推动环境管理的系统转型。

在2020年环境目标研究方面，以人均GDP相当的历史同期为坐标，我们采取国际对标与模型模拟的方法，以世界银行、联合国、OECD（经济合作与发展组织）、EPA（美国国家环境保护局）、EEA（欧洲环境署）、BP石油公司等数据库为基础，收集、梳理、分析世界50多个国家200多个城市近30年的污染物排放量和浓度数据，开展环境质量国际对比研究。同时，我们采用总供给-总需求

（SAS-SAD）模型，从需求侧和供给侧角度，分析小康社会环境质量目标的政治、公众需求与政府的供给条件、基础和能力需求，对2005—2014年20项指标数值进行无量纲化，加权后计算供需指数，并进行多情景方案设计，提出了2020年环境质量目标设置建议。

推动环境质量管理，要从宏观层面设计好生态环境领域国家治理体系。基于环境保护中长期目标和环境保护的阶段性，我们提出“十三五”期间环境保护战略任务要强调质量改善的导向作用，以环境质量改善为核心，从管理目标、管理领域、管理重点、管理手段等方面构建环境质量管理的框架体系，建立以政府治理环境“五力”原则（即公共物品生产力、决策力、执行力、协调力与监督力）为基础的治理体系，并在环境质量监测评估考核、清单式管理、总量-质量联动、社会共治体系、环境基本公共服务等关键政策方面实现突破。

本书包括5章，第1章由李新、吴舜泽、秦昌波撰写，第2章由王倩、吴舜泽、姜文锦、周劲松、万军撰写，第3章由秦昌波、王倩、姜文锦撰写，第4章由王倩、吴舜泽、苏洁琼、秦昌波撰写，第5章由吴舜泽、苏洁琼、姜文锦、温丽丽、周劲松、王倩、万军撰写。全书由吴舜泽、苏洁琼、肖旸统稿。

要将环境质量管理做实做深，在目标分解、评价方法、评估考核、预测预警、综合改善、价值实现、健康效应、损害鉴定等方面，都需要做大量的理论研究和实践探索，以环境质量改善为核心的环境管理体系建立，方向对头，但刚刚起步，还在路上，需要持续跟踪、积极推动，谨以此与大家共勉。

本书在研究写作过程中，得到了环境保护部和环境规划院各位领导、同事的帮助、支持，在此表示感谢。由于时间、水平有限，疏漏之处在所难免，欢迎广大读者批评指正。

吴舜泽

2016年5月

目　录

第 1 章　生态环境保护形势 1
1.1　经济发展对环境的影响 1
1.2　社会发展对环境的影响 22
1.3　改革形势对环境的影响 28

第 2 章　全面小康环境目标 33
2.1　全面小康社会的总体目标 33
2.2　全面小康社会总体目标进展的协调性分析 35
2.3　我国环境质量改善进展与主要问题 37
2.4　我国与发达国家同等经济水平时环境状况比较 52
2.5　基于供需模型（SAD-SAS 模型）的全面小康环境目标研究 67
2.6　基于环境质量诉求的环境目标研究 76
2.7　实现全面小康环境目标需开展环境质量管理 80

第 3 章　环境质量管理经验 82
3.1　当前我国环境质量管理的主要问题 82
3.2　发达国家环境质量改善一般进程 83
3.3　发达国家环境质量管理经验 87
3.4　国内环境质量管理实践 93

第 4 章　生态环境保护战略 102
4.1　国家环境保护总体战略 102
4.2　环境保护中长期目标与阶段重点 103

4.3 “十三五”期间环境管理战略 104
4.4 生态环境领域国家治理体系设计 107

第 5 章 环境质量管理体系 128
5.1 全面构建基于环境质量的监测、评估和考核体系 128
5.2 实施环境质量清单式管理政策 138
5.3 基于环境质量目标的总量控制政策创新 142
5.4 社会制衡型环境责任机制重大政策 146
5.5 基于生态环境质量改善的环境基本公共服务政策 153

参考文献 164

第 1 章
生态环境保护形势

1.1 经济发展对环境的影响

环境问题是在经济社会发展过程中相伴产生的。我国经济以高投资支撑了30 余年持续、快速的高增长，由此带来了大量环境污染物集中排放，资源环境达到或逼近承载上限，累积型、结构型、新型等环境污染交织等难题。“十三五”时期是我国经济发展面临历史性转折的重要阶段，在改革、创新、结构调整等取得较大成效下，预期经济发展的形态、方式以及增长驱动力都将发生根本性转变，给环境保护带来深刻影响。

1.1.1 工业化发展阶段的环境影响分析

工业化进程判定的理论方法。关于一国工业化进程阶段的判定方法，一般有配第-克拉克定理、霍夫曼定理和钱纳里的标准结构理论。

配第-克拉克定理是科林·克拉克（C. Clark）于 1940 年在威廉·配第（William Petty）关于国民收入与劳动力流动之间关系的学说的基础上提出的，具体是指：随着经济的发展、人均收入水平的提高，劳动力首先由第一产业向第二产业转移；人均收入水平进一步提高时，劳动力便向第三产业转移；劳动力在第一产业的分布将减少，而在第二、第三产业中的分布将增加；人均收入水平越高的国家和地区，农业劳动力所占比重相对较小，而第二、第三产业劳动力所占比重相对较大；反之，人均收入水平越低的国家和地区，农业劳动力所占比重相对较大，而第二、第三产业劳动力所占比重则相对较小。

霍夫曼定理又被称作“霍夫曼经验定理”，是德国经济学家 W. 霍夫曼通过对当时近 20 个国家的时间序列数据的统计分析提出的，指出随着一国工业化的进展，霍夫曼比例是不断下降的。霍夫曼比例是指消费资料工业净产值与资本资料工业净产值之比。霍夫曼定理的核心思想是：在工业化的第一阶段，消费资料工业的生产在制造业中占主导地位，资本资料工业的生产不发达，霍夫曼比例为 5（±1）；第二阶段，资本资料工业的发展速度比消费资料工业快，但在规模上仍比消费资料工业小得多，霍夫曼比例为 2.5（+1）；第三阶段，消费资料工业和资本资料工业的规模大体相当，霍夫曼比例为 1（±0.5）；第四阶段，资本资料工业的规模超过了消费资料工业的规模。

美国经济学家 H. 钱纳里利用第二次世界大战后发展中国家特别是其中的 9 个准工业化国家（地区）1960—1980 年的历史资料，运用投入产出分析方法、一般均衡分析方法和计量经济模型，利用回归方程建立了 GDP 市场占有率模型，即提出了标准产业结构[①]，即根据国内人均生产总值水平，将不发达经济到成熟工业经济整个变化过程分为 3 个阶段 6 个时期，从任何一个发展阶段向更高一个阶段的跃进都是通过产业结构转化来推动的。主要包括：前工业化阶段（初级产品生产阶段）、工业化实现阶段（包括工业化初级阶段、工业化中级阶段、工业化高级阶段）和后工业化阶段（包括发达经济初级阶段、发达经济高级阶段）。关于工业化进程的判断标准见表 1-1。

我国已进入工业化中后期，经济由高速转向中高速增长。改革开放以来，我国凭借人口数量优势、资源环境低成本、先进国家的技术溢出、全球化红利等因素，推动了劳动生产率大幅提高、技术水平不断提升和产业转型升级持续推进，保持了经济总量 35 年（1978—2013 年）年均 9.8%的高速增长，实现了后发赶超战略。2008 年全球金融危机以来，我国的经济增长处于持续放缓态势，从长周期看，增长中枢已经下移。经济增速由 1995 年的 14.2%下降到 2014 年的 7.3%。从增速变动幅度上看，连续 10 个季度运行在 7%～8%，呈现逐渐缩窄趋稳态势，由高速增长向中高速增长平稳换挡的趋势明朗（图 1-1）。

① H. 钱纳里、S. 鲁宾逊等：《工业化和经济增长的比较研究》，上海：上海三联书店，1989 年版。

表 1-1　工业化进程判断标准

基本指标		前工业化阶段	工业化实现阶段			后工业化阶段
			工业化初期	工业化中期	工业化后期	
人均GDP/美元	1964 年	100～200	200～400	400～800	800～1 500	1 500 以上
	1970 年	140～280	280～560	560～1 120	1 120～2 100	2 100 以上
	2000 年	660～1 320	1 320～2 640	2 640～5 280	5 280～9 910	9 910 以上
	2005 年	745～1 490	1 490～2 980	2 980～5 960	5 960～11 170	11 170 以上
三次产业产值结构		$A>I$	$A>20\%$，且 $A<I$	$A<20\%$，$I>S$	$A<10\%$，$I>S$	$A<10\%$，$I<S$
制造业增加值占总商品增加值比重		0%以下	20%～40%	40%～50%	50%～60%	60%以上
人口城市化率		30%以下	30%～50%	50%～60%	60%～75%	75%以上
第一产业就业人员占比		60%以上	45%～60%	30%～45%	10%～30%	10%以下

注：*A* 代表第一产业；*I* 代表第二产业；*S* 代表第三产业。下面各表同。

数据来源：陈佳贵、黄群慧等：《中国工业化进程报告》，北京：中国社会科学出版社，2007 年版。

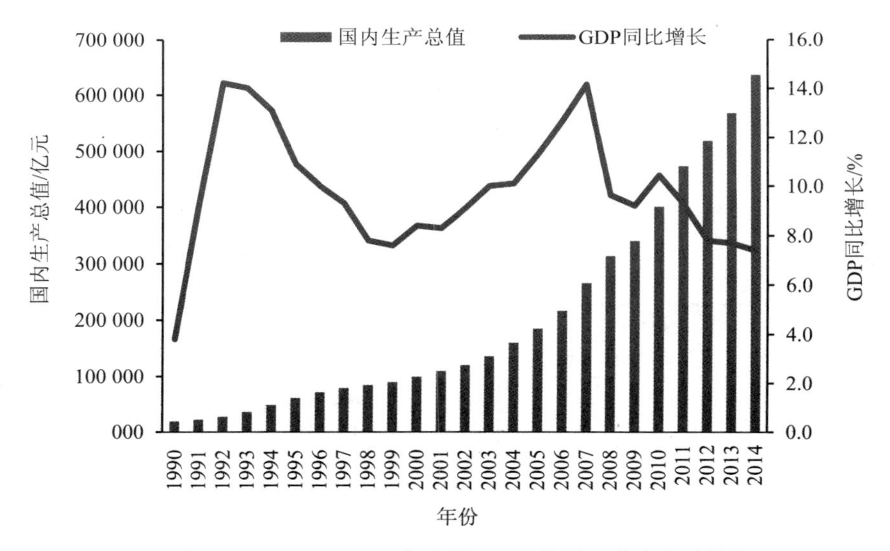

图 1-1　1995—2014 年我国 GDP 总量及增速变动趋势

到 2020 年，我国将基本实现工业化。我国自 2006 年工业化水平[①]达到了 42.2%峰值后开始下降，2014 年已降至 35.8%，由投资带动重工业高速增长的模式正在减弱（图 1-2）。依据钱纳里等工业化判断标准，当前我国总体上进入工业化后期阶段（表 1-2），但区域间差距较大。整体来看，北京、上海、深圳已经完成工业化，达到世界高收入国家的水平；长三角、东部进入工业化后期的后半阶段，珠三角、环渤海、东三省等处于工业化后期的前半阶段，其中广东、浙江、江苏、辽宁进入上中等国家的收入水平；中部六省和大西北处于工业化中期的后半阶段。

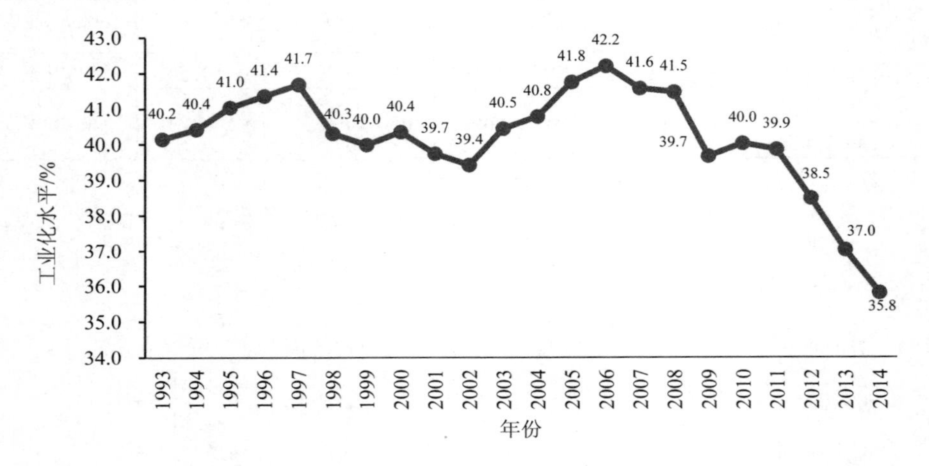

图 1-2 我国工业化水平变化趋势

表 1-2 我国工业化进程研判

基本指标	前工业化阶段	工业化实现阶段			后工业化阶段	2014 年
		初期	中期	后期		
人均 GDP/美元（2008 年）	819～1 638	1 638～3 277	3 277～6 553	6 553～12 287	12 287 以上	6 525
三次产业产值结构（产业结构）	$A>I$	$A>20\%$，且 $A<I$	$A<20\%$，$I>S$	$A<10\%$，$I>S$	$A<10\%$，$I<S$	9.2∶42.6∶48.2
第一产业就业人员占比（就业结构）	60%以上	45%～60%	30%～45%	10%～30%	10%以下	31.4%（2013 年）
人口城市化率（空间结构）	30%以下	30%～50%	50%～60%	60%～75%	75%以上	54.7%

① 工业化水平=工业增加值/GDP。

国际经验表明，在后工业化阶段经济增速将明显下降，我国经济已持续 12 个季度保持在 7%～8%的增长水平，明显低于改革开放以来（1978—2014 年）年均 9.8%的增速。预期“十三五”期间，经济潜在增长率平均为 6.6%，个别年份可能接近 6%，在改革红利、转型红利等充分释放的情况下，我国将进入知识经济发展、创新驱动的过渡阶段，至 2020 年我国人均 GDP 将达到 1 万美元左右（以 2010 年为基期测算，现价约为 1.2 万美元），总体跨越中等收入陷阱，有望完成党的十八大提出的基本实现工业化战略目标，并依托制造业大国优势深化工业发展，进入工业 4.0、再工业化时代。

制约环境的经济增速压力减缓，新增规模压力仍处高位。2015 年中央经济工作会议将 2015 年经济增长水平下移为 7%。当前及“十三五”时期，我国面临着劳动年龄人口减少、人口抚养比提高、储蓄率达到高峰、比较优势减弱等形势，预期潜在经济增长水平整体处于下移趋势。《“十三五”国民经济和社会发展规划基本思路》中将年均经济增长定位为 6.5%。综合考虑影响我国经济潜在增长的要素及其变化趋势进行预测，“十三五”期间，我国的 GDP 年均增长率将降至 6.6%，分别比“十一五”（11.2%）、“十二五”（7.9%）时期降低 4.6 个百分点、1.3 个百分点。以 2010 年生产总值为基期测算：2010 年生产总值相当于在 2005 年基础上增长 70.1%，新增生产总值 16.5 万亿元；预计 2015 年我国经济总量 58.6 万亿元，相当于在 2010 年基础上增长 46%，新增生产总值 18.5 万亿元；2020 年我国经济总量为 80.9 万亿元，相当于在 2015 年基础上增长 37.9%，新增生产总值 22.2 万亿元（表 1-3）。经验数据显示，“十一五”时期，GDP 每增加 1 万亿元，带来了 SO_2、COD 新增排放量分别为 41.2 万 t、31.4 万 t。考虑技术进步、转型升级、“三产”比重加大等因素，单位经济新增量带来的污染排放量会有所降低，但经济体量、新增量的持续上升带来的环境压力仍处高位。

表 1-3　“十一五”时期、“十二五”时期、“十三五”时期经济规模比较

指标	“十一五”时期	“十二五”时期	“十三五”时期
GDP 平均增速/%	11.2	7.9	6.6
期末年经济总量/万亿元	40.1	58.6	80.9
新增量（比上一期末）/万亿元	16.5	18.5	22.2
经济增长比率（比上一期末）/%	70.1	46.0	37.9

注：“十三五”（终期）为 2020 年，依此类推。

1.1.2 城镇化：减速提质，进入中后期

1.1.2.1 “十三五”时期城镇化发展形势分析及预测

城镇化进入由快速推进转向减速发展的拐点，预期 2020 年城镇化率达到 60%左右。改革开放以来，我国的城镇化进程得到快速发展，自“十五”以来，城镇化速度呈现递减趋势。2000—2010 年，我国城镇化率年均提升约 1.37 个百分点，但 2012 年、2013 年城镇化率分别提升 1.3 个百分点、1.16 个百分点，在珠江三角洲、长江三角洲等城镇化率较高的东部沿海地区，减速更为明显。党的十八届三中全会提出“推进大中小城市和中小城镇协调发展、推进城乡一体化”的新思路，预期中小城镇将成为未来城镇化进程的主要方向。中央城镇化工业会议提出的解决 2 亿多人半城市化、禁止摊大饼及发放地方债券、补齐县区基础设施等新思路，将为缩小城乡不平衡差距、中小城镇实现环境公共服务均等化提供重要契机。未来 10～20 年，我国城镇化速度有所趋缓，质量“里子”会有所提升，国内不同学者对我国城镇化进程分析预测见表 1-4。根据相关规划及研究，预期到 2020 年达到 60%水平，年均增长 0.9 个百分点左右（图 1-3）。国际经验表明，美国、澳大利亚等地广人稀的新大陆国家，城镇化成熟阶段达到 80%甚至 90%以上，德国、法国、意大利、日本等历史悠久，农耕文化深厚、地形地貌多样的国家，容易发生逆城市化，城市化率最高不会超过 65%～70%，我国上海、浙江已经开始出现逆城市化现象。预期到 2030 年，我国城市化率达到 65%左右峰值并相对稳定，人口将呈现向大城市和中小城镇两端聚集特征。

表 1-4 不同机构和学者对 2020 年我国城镇化的预测情况

机构/学者	预测方法	预测结果	
		2020 年	2030 年
中科院地理所 方创琳等	Logistic 曲线模型	54.45%	61.63%
中国社科院城市发展与环境研究所		超过 60%	65%
国务院发展研究中心 韩俊等	Logistic 曲线模型	59%	66%
国务院发展研究中心 李善同		60%左右	
联合国	联合国模型	59%	
麦肯锡全球研究院	趋势线模型	66%（2025 年）	

数据来源：马晓河等：《中国城镇化实践与未来战略》，北京：中国计划出版社，2011 年版。

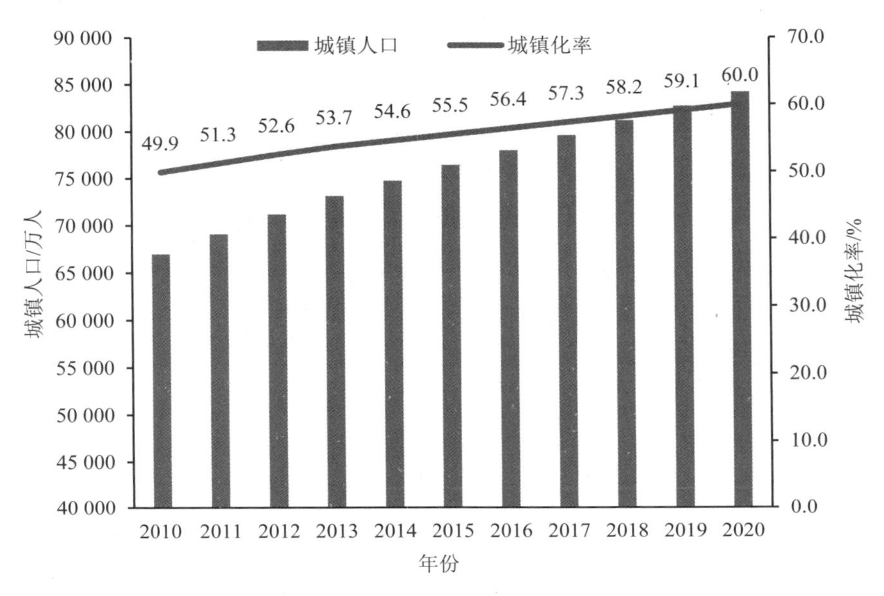

图 1-3 我国城镇化率及城镇人口预测

1.1.2.2 城镇化发展的环境压力分析

城镇化进程持续推进加大了城市环境压力及承载能力，城市环境问题日益凸显。研究数据表明，城镇化率每提高 1 个百分点，将增加城镇人口 1 300 万人左右、生活垃圾 520 万 t、生活污水 11.5 亿 t，消耗 8 000 万 t 标煤。“十三五”时期仍是我国城镇化进程推进期，尽管质量会有所提升，但也是城镇人口增长、资源能源消耗的过程，对城市环境容量负荷、城市生态空间安全格局、环境基础设施建设等都带来较大压力，生活领域消费型污染防治的形势将更加紧迫（表 1-5）。在原有发展城市群战略下，污染区域性特征主要表现在大中城市之间，未来中小城镇发展可能导致不同区域、城市群间由隔离式的“大碎片污染”转为“连片污染”，城市雾霾、内河水体黑臭、饮水不安全、垃圾围城等环境问题已成为社会关注的焦点。

相关研究表明，“十三五”期间，全国城镇人口增速预计将逐步下调，城镇人口增长率将降低为 1.9%左右。据统计，2013 年全国城镇人口总数为 73 111 万人，按 1.9%的年均增速测算，预计“十三五”期间，我国新增城镇人口 7 654 万人，较“十二五”期间少增长 1 655 万人。据此测算，“十三五”期间我国城镇生活化学需氧量和氨氮的新增排放量分别约为 196 万 t 和 22 万 t［人均产污系数为 70 g-COD/（人 • d）和 8 g-氨氮/（人 • d）]，分别相当于 2013 年城镇生活排放总量的 17%和 16%（表 1-6）。

表 1-5　2012 年污染物排放量和生活类资源消耗量及其比例

类别	全国总计	生活消费	生活消费占比/%
能源消费（标煤）/万 t（2011 年）	348 002	37 410	10.7
用水总量/亿 m^3	6 141.8	728.8	11.9
建设用地面积/km^2	45 750.67	14 283.43	31.2
废水排放总量/万 t	684.76	462.69	67.6
化学需氧量排放总量/万 t	2 423.73	912.75	37.7
氨氮排放总量/万 t	253.59	144.63	57.0
二氧化硫排放总量/万 t	2 117.63	205.66	9.7
氮氧化物排放总量/万 t	2 337.76	39.31	1.7
烟粉尘排放总量/万 t	1 234.31	142.67	11.6

数据来源：《2014 中国可持续发展战略报告》。

表 1-6　城镇生活源主要水污染物新增排放量

时期	城镇人口增量/万人	人均产污系数/[g/（人 • d）]		新增排放量/万 t	
		COD	氨氮	COD	氨氮
2011—2015 年	9 308	—	—	240	28
2016—2020 年	7 654	70	8	196	22

数据来源：环境规划院。

1.1.3　经济结构：消费、服务业及新业态发展

1.1.3.1　消费需求正成为拉动经济增长的主力

消费提速，发展型、享受型消费比重加大，新产业、新业态发展优势凸显。现代服务业增长有望加快，现代制造业等行业增长加快。2012 年我国第三产业比重首次超过第二产业。2014 年，我国服务业增加值占 GDP 比重达到 48.2%，预计 2020 年服务业比重将达到 52%左右。目前新的消费增长点正在孕育，仍处于疲弱状态，个性化、多样化消费逐渐成为主流，创新供给激活需求的重要性显著上升。预期“十三五”时期服务业对 GDP 贡献增加。大数据浪潮、信息技术和制造业的融合，倒逼传统产业的升级，催生大批与之相关的新产业。能源、材料、生物等领域技术创新空前活跃，推升新一轮科技革命和产业变革。

投资、出口增长放缓，但仍是拉动经济的重要动力。在经济增长中枢下移过程中，投资、消费、出口“三驾马车”拉动潜力呈现分化，投资加出口的拉动力正在减弱（图 1-4）。应对金融危机，2009 年国务院出台了 4 万亿元刺激政策，投资充当保持经济高速增长的主力军，已连续 5 年资本形成对生产总值贡献率处于高位，传统产业相对饱和。投资在稳定经济增长的同时，也加速了投资边际效益的持续下降，仅依靠基础设施建设拉动，难以继续维持高位投资贡献率。2014 年前三季度投资贡献率已大幅下降，仅为 41.3%，比 2013 年下降 13.1 个百分点。我国加入 WTO 后利用低成本优势带来持续的“出口红利”犹存，但正在减弱。当前，我国外贸总量世界第一，难以推动外贸继续成为经济增长的主要动力，实际上净出口拉动经济增长的能力正在减弱，2011—2013 年净出口对生产总值的贡献率连续 3 年为负值。2014 年，我国进出口总额同比增长 3.4%，远低于年初 7.5%的目标。

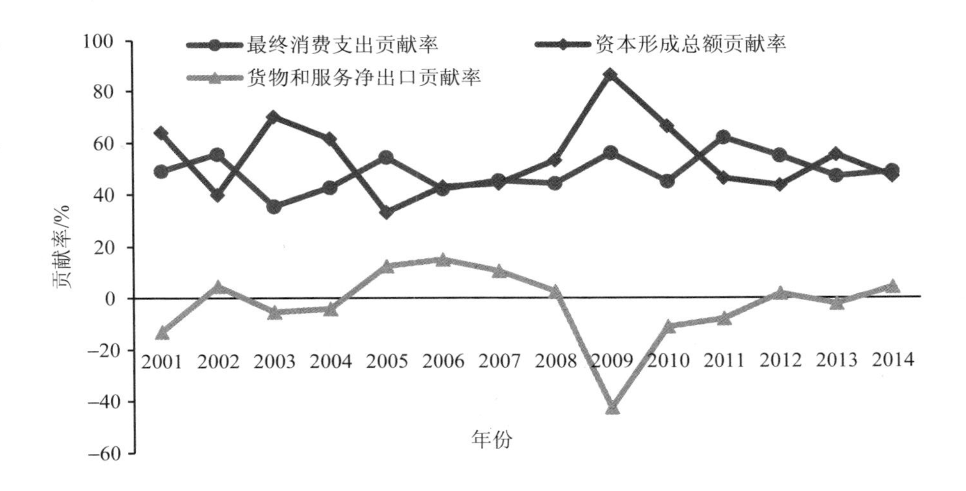

图 1-4 2001—2014 年我国三大需求对 GDP 增长的贡献率

1.1.3.2 第二产业比重下降，服务业占比保持主导上升态势

我国第二产业占 GDP 的比重由 2005 年的 47.4%下降到 2014 年的 43.1%，第三产业比重由 40.5%提高到 47.80%，第二产业比重持续下降，第三产业比重保持上升趋势，反映了产业结构进一步优化调整的基本态势（图 1-5）。根据中国统计年鉴、国民经济社会发展统计公报等数据，对产业结构调整情况进行预测，2020 年第二产业增加值比重将比 2015 年下降 4.1 个百分点，新增 6.69 万亿元增

加值，比“十二五”“十一五”时期第二产业增加值新增量 7.65 万亿元、8.15 万亿元均有所下降。第二产业中的工业占国内生产总值的比重持续下降，将从 2015 年的 38.4%下降至 2020 年的 34.8%，新增 5.61 万亿元增加值，比“十二五”“十一五”时期工业增加值新增量 6.44 万亿元、6.82 万亿元均有所下降（表 1-7）。

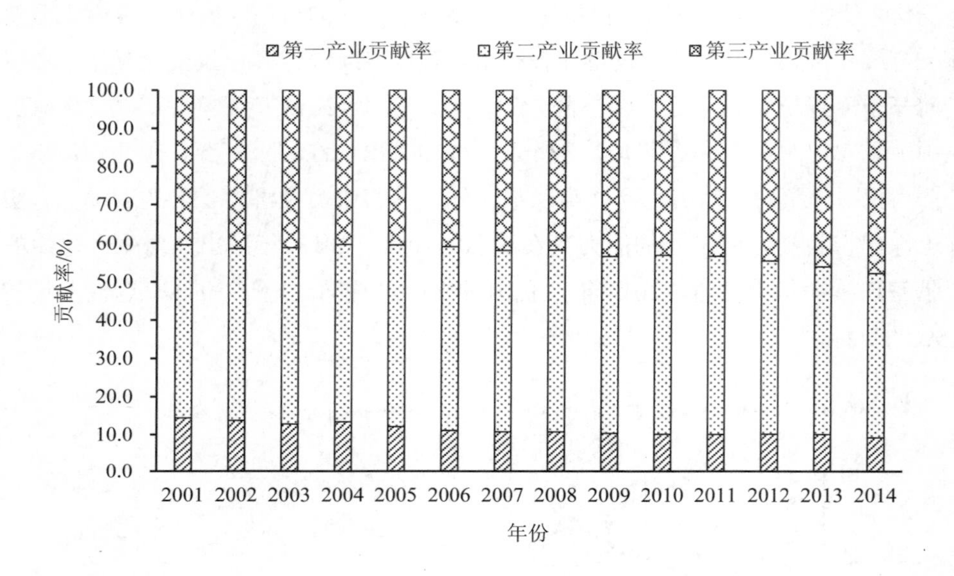

图 1-5 2001—2013 年我国产业结构变动趋势

表 1-7 不同时期产业增加值总量与增量比较

指标	2010 年	2015 年	2020 年	“十一五”时期新增量	“十二五”时期新增量	“十三五”时期新增量
第一产业增加值/万亿元	4.05	4.98	5.74	0.80	0.93	0.76
第二产业增加值/万亿元	18.7	26.4	33.1	8.15	7.65	6.69
工业增加值/万亿元	16.1	22.5	28.1	6.82	6.44	5.61
第三产业增加值/万亿元	17.4	27.3	42.0	7.48	9.91	14.78
三产比例	10.1∶46.7∶43.2	8.5∶45.0∶46.5	7.1∶40.9∶52.0	—	—	—

注：“十三五”时期新增量为 2020 年产值减 2015 年产值，依此类推。

数据来源：环境规划院预测。

产业结构变动整体有利于减缓环境压力，新产业结构带来了更为复杂的环境问题。产业结构调整对环境质量变化有较大作用。Grossman（1995）和Oosterhaven（2007）等研究得出，产业结构升级是提高环境质量的有效途径。李智等（2008）研究发现，产业结构调整对环境库兹涅茨曲线起着重要的作用，不同产业的污染物排放密度因其对资源的使用程度不同而有所差异，当经济发展到一定高水平时，产业结构升级可缓解环境压力。为实现我国成功转型，产业结构调整与升级，高新技术产业及第三产业发展预期将保持持续增长趋势，技术进步、全要素生产率提高、全球价值链中产业增加值提升将成为制造业转型升级的重要方向，高端化、高层次化特征逐步显现，产业结构调整带来的环境利好将进一步显现。高耗能、高污染行业增长趋缓随着产业结构和城镇化发展日趋优化，各领域污染防治水平不断提高，污染物排放控制的压力将有所减小。

1.1.3.3　工业行业发展态势对环境影响

“十三五”时期我国将基本完成工业化进程，进入高收入国家行列。预期在改革、技术创新等有利条件下，至2020年，我国人均GDP达到1.47万美元左右（现价美元），会比较接近高收入的边界，经济总量接近美国；三次产业结构调整为7.6∶39.5∶53.0；城镇化率达到60%左右，基本完成工业化进程，进入城镇化中后期阶段（表1-8）。但区域之间差异较大，经济发展各阶段在我国都有所表现。北京、上海等发达城市进入到后工业化社会，江苏、浙江等省进入到工业化后期，而贵州、云南等西部省份仍处于工业化初期阶段，大部分中西部地区正处于工业化中期、重工业集聚发展阶段。

表1-8　2020年我国工业化发展的阶段判断

指标	预期		阶段判断
	国务院发展研究中心	国家信息中心（基准情景）	
人均GDP（2010）	1.47万美元	1.13万美元	后工业化
三次产业产值结构（产业结构）	7.6∶39.5∶53.0	6.8∶43.7∶49.4	后工业化
第一产业就业人员占比（就业结构）	25%左右	—	工业化后期
人口城市化率（空间结构）	60%左右	60%左右	工业化后期
总体判断	基本完成工业化进程		

数据来源：国务院发展研究中心、国家信息中心。

重工业产品产能峰值将在“十三五”时期陆续到达，可能有一个较长的平台期，资源环境压力整体不会剧增但依然较大。我国重化工业快速发展的势头正在减缓，钢铁、化工、建材等重化工业峰值临近。2013 年我国粗钢产量达到 7.79 亿 t，估计 2015 年或 2018 年达到 8.7 亿 t（低限情景）、10.7 亿 t（正常情景）峰值；2013 年我国水泥产量 24.1 亿 t，产能接近 30 亿 t，超过 2015 年 25 亿 t 的需求预期目标，预期在 2019 年产量增速达到峰值，人均水泥累积消费量远超发达国家消费饱和时 22 t 水平；铜、铝、铅、锌等主要有色金属产量增速也将在 2020 年达到峰值（表 1-9）。我国汽车的长期需求年度峰值将在 2020 年左右出现，后续将基本保持略高于 GDP 的增长率；城镇住宅 1 300 万套的长期需求年度峰值预计出现在 2015 年。从当前形势看，我国的钢铁、建材等重工业行业发展正处于调整转型的胶着期，伴随着我国工业化、城镇化进程，汽车、住房、基础设施建设等新增量高位趋缓；“一带一路”的基础设施建设以及长江经济带制造业大发展等，都将给这些行业带来增长点，预期未来重工业行业在“十三五”时期仍将处于平台整理期，资源环境处于负重爬坡、压力放缓但高位相持期。

表 1-9　我国主要重工业行业占 GDP 比重达到峰值时间预测

主要工业行业	达到峰值人均 GDP（1990 年国际元）	我国达到峰值时间预测	2015 年占 GDP 比重	2020 年占 GDP 比重
冶金	11 000	2015 年前后	5.8	3.8
电力	11 000	2015 年前后	2.3	1.5
建材及其他非金属矿	11 000	2015 年前后	3.3	2.2
煤炭	11 000	2015 年前后	2.1	1.4
石油	11 000	2015 年前后	2.8	2.8
化工	11 000	2015 年前后	4.0	3.9
钢铁	11 000	2015—2018 年	—	—
水泥	11 000	2015 年前后	—	—

数据来源：国务院发展研究中心。

工业污染新增排放新增压力有望减少。预测“十三五”期间，我国工业源化学需氧量和氨氮新增排放量约为 60 万 t 和 4 万 t，分别相当于 2013 年工业源排放总量的 19%和 16%（表 1-10）。但是，产业结构的不断变化带来的环境问题转型速度快、应对难等，如在第二产业比重及重化工业增长放缓过程中，累积型环境污染开始集中显现，环境风险高发态势凸显。第三产业的快速发展可能引发消费型、新型环境污染等问题。

表 1-10 工业源主要水污染物新增排放及测算量

指标	2016年	2017年	2018年	2019年	2020年	2016—2020年	2010—2015年
工业增加值/万元	240 708	251 636	263 060	275 003	287 488	—	—
COD 增量/万 t	13.19	12.59	12.01	11.46	10.93	60.17	135
氨氮增量/万 t	0.92	0.84	0.76	0.69	0.63	3.84	11

数据来源：环境规划院测算。

1.1.4 供给结构：传统要素优势减弱

劳动力、资本、资源环境等要素的贡献有所放缓。从生产要素角度来看，除资本积累和劳动数量投入引起的经济增长外，其他因素引发的经济增长统称为全要素生产率。从 1978—2013 年数据来看，在平均 9.8%的经济增长中，资本积累、劳动力总量和全要素生产率分别贡献 5.6、0.9 和 3.3 个百分点[①]，资本要素是经济增长的主要推动力。2009—2013 年是我国资本贡献率上升和全要素生产率下降阶段。从发展形态来看，过去 30 年，劳动力成本低是我国最大优势，引进技术和管理就能迅速变成生产力，目前人口处于低增长率水平，农村劳动力供给不足问题显现，人口老龄化加快，劳动力市场达到刘易斯转折点，环境承载接近或已经达到临界状态，劳动力要素的规模驱动力减弱，土地、资源、环境等传统要素供求关系要日益趋紧。资本积累带来的部分行业产能严重过剩，规模效应减小，经济效益下滑，企业债务率不断攀升，融资成本居高不下，债务存续压力越来越大。预计“十三五”期间，基于廉价劳动力优势参与国际垂直分工格局驱动经济增长的时代基本结束，低成本比较优势发生转化，技能结构矛盾将进一步凸显。

创新驱动能力有所增强，全要素生产率提升的潜力增大。一般规律表明，经济发展的高级阶段是以知识、技术、创新等生产效率提升为主要特征，即全要素生产率的显著提升。国际比较发现，我国全要素对经济增长贡献远低于美国、欧

① 数据来源：国家信息中心：《我国“十三五”时期经济增长潜力测算》。

洲、日本等主要发达国家平均贡献 70%的水平，与韩国、新加坡、印度尼西亚、泰国、中国台湾等亚洲国家和地区及经济体水平比较接近。我国经历了要素驱动（即以土地、资源能源、劳动力等大挖掘来垒高 GDP 总量）、投资驱动（财政货币资金大投入、政府招商引资）阶段，当前正积极转入创新驱动的内涵式增长阶段，以投资带动大项目、大工业的发展路径趋于结束。2014 年，我国高新技术制造业增速与工业增加值增速差值扩大至 4 个百分点，比 2013 年提高 2 个百分点。创新驱动加强了科技与经济的结合度，有利于全要素生产率提高。预测显示，“十三五”时期资本存量对经济增长贡献度将下降至 3.65%、全要素生产率贡献度上升至 3.04%，劳动力贡献度将平稳保持在−0.1%左右水平（表 1-11）。

表 1-11　分阶段生产要素对经济增长的贡献度　单位：%

年份	资本存量贡献度	劳动力贡献度	全要素生产率贡献度
1978—2001	5	1.3	3.4
2002—2008	6.4	0.4	4.2
2009—2013	6.8	0.2	1.9
1978—2013	5.6	0.9	3.3
2014	5.5	0.19	1.83
2015	5.21	0.1	1.93
2020	3.21	−0.1	3.01
“十三五”时期平均	3.65	−0.1	3.04

提质、减污的内涵式增长有望实现。从内需增长、技术进步、科技创新、转型升级等带动经济发展动向来看，“十三五”时期，我国经济增长更多依靠增质不增量、深挖产品附加值提升竞争力而非扩张建厂等，内涵发展方式实现，总体上带来资源能源利用效率提升、污染排放强度的大幅下降。预计至 2020 年，我国全要素生产率贡献度将由 2013 年的 1.02%提升至 3%左右，贡献率达到 46%。综合考虑产业转型升级、技术进步、城镇化趋缓、治污减排力度等有利因素，预测到 2020 年，二氧化硫、氮氧化物、化学需氧量、氨氮污染物排放强度分别下降至 2.34 kg/万元 GDP、2.26 kg/万元 GDP、2.62 kg/万元 GDP、0.26 kg/万元 GDP（表 1-12）。

表 1-12 2010—2020 年污染物排放强度测算 单位：kg/万元 GDP

年份	二氧化硫排放强度	氮氧化物排放强度	化学需氧量排放强度	氨氮排放强度
2010	5.648 1	5.662 6	6.355 2	0.658 5
2015	3.417 2	3.446 9	3.884 2	0.394 5
2016	3.112 5	3.082 4	3.586 5	0.359 8
2017	2.895 4	2.808 2	3.325 3	0.328 2
2018	2.701 8	2.605 3	3.066 2	0.304 6
2019	2.520 5	2.429 7	2.797 1	0.278 7
2020	2.344 5	2.258 4	2.616 8	0.259 3

数据来源：环境规划院测算。

1.1.5 区域结构：向均衡发展转换，同步环境小康难度大

1.1.5.1 四大区域发展的环境影响

我国区域经济发展阶段存在较大差异性。从发展阶段来看，东部地区长三角、珠三角已经进入经济转型的工业化后期阶段，东部经济发展仍处于绝对优势，中西部地区大部分省份处于工业化中期阶段，贵州、甘肃、青海、云南、西藏仍基本处于工业化初期阶段，但中西部增速逐步加快，2008 年以来发展速度持续超过东部地区（图 1-6）。

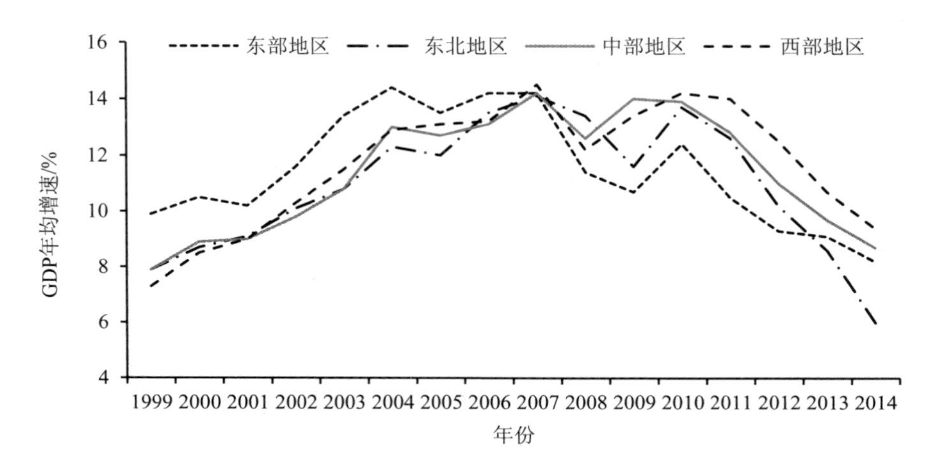

图 1-6 我国四大区域经济发展增速比较

发展阶段差异、产业的区域梯度转移带来了资源能耗、环境污染空间结构的变化。我国与发达国家环境问题的阶段性差异，“十三五”时期会在我国区域间表现尤为明显。东部沿海地区人口及经济密度大，长期高速发展占据了大量的资源能源，环境承载力已严重不足，水资源严重超载，国家沿海布局的石化、钢铁等重大项目仍将保持增长势头，带来累积的环境压力与风险积重难返，已污染破坏的生态安全格局修复、维护难度大、投入高。未来 10 年，东部地区受国际技术、创新竞争加剧、国内优惠政策退出、要素成本提升、经济转型先行试水经验不足等影响，增长的新旧动力有可能出现交替反复现象，技术升级、创新等新动力机制稳中趋强的压力依然较大。反映在环境效应上，东部地区经济增长对环境的压力有所降低，但由于经济总量高，污染物的排放量增长依然不可忽视。同时，“十三五”时期，东部地区同时治理累积型、结构型环境污染区域性灰霾等新型、复合型环境污染等，创新环境治理体制机制形势紧迫。

中西部地区依托劳动力、市场及土地等资源环境成本等优势条件，是承接我国东部产业梯度转移的重要地区，国家先后出台一系列区域发展规划加大中西部区域发展的政策支持和资金扶持，在规划带动及产业梯度转移加快的作用下，中西部发展进一步提速，预期引发的污染物排放量增长压力将呈现出加剧的趋势，尤其要引起重视。例如，皖江城市带、长江中游地区、中原经济区等是东部地区和国外高耗能重污染企业转移的集中承接区，环境污染排放呈加剧上升态势，未来面临着部分地区环境污染加重、生态安全威胁加大、生态赤字加大的态势。又如，重金属等重污染行业向中西部等非重点区域转移的趋势明显，内蒙古在 2012 年 PVC 产能比 2007 年增长了近 4 倍的情况下，还有 7 个已批复的 340 万 t 产能将在“十二五”后几年陆续释放，近期腾格里沙漠污染事件集中体现了发展与保护的矛盾；新疆煤制气项目水资源的过度取用与水体污染等问题日益凸显。

1.1.5.2 重点区域增长新格局调整的环境影响

“一带一路”、京津冀协同发展、长江经济带三大区域发展战略带来相关地区环境风险及环境污染排放格局的新影响。“一带一路”是我国对外投资出口的重要战略部署。基础设施“互联互通”，利于消化国内钢铁、有色等过剩产能，从我国境内看，在西部大开发、丝绸之路经济带等系列政策支持下，以天山北坡、宁夏炎黄经济带、关中天水、西咸新区、兰州新区以及宁夏内陆开放型经济实验区、新疆霍尔果斯口岸、喀什经济开发区等为重点区域，将带来新一轮城镇化、工业化加速发展。对局地尤其是核心城市的城市开发建设规模力度将加大，资源能源需求将高速增长，对耕地、草地等生态系统类型改变的威胁加大，最新西部大开发战略环评报告结果显示，甘肃、青海、新疆湿地面积萎缩，草地退化面积达 48%，也对西安、乌鲁木齐等大气环境容量超载区以及西北内陆河污染防治等带来更加严峻的挑战，将加大三江源、“三北”防护林等国家生态安全屏障保护难度。同时，也面临着各国技术、环境标准不统一的难题。海上丝绸之路经济带的开发建设对沿海环境问题带来新挑战。

京津冀协同发展战略以及大气、水环境行动计划出台实施，有利于加快区域大气环境、水环境临界点向转折点转换的进程。但是长期积累的环境问题复杂交织，资源及生态环境亏空大，改善的难度大。京津冀地区已经成为我国严重缺水地区，人均水资源量仅为 286m^3，是全国平均水平的 13%，世界平均水平的近 1/30。2001—2010 年 10 年间，区域湿地面积减少了 273.8 km^2，植被覆盖度由 41%降低至 36%。2013 年，空气质量平均达标天数比例仅为 37.5%，区域中 11 个城市排在污染最重的前 20 位、7 个排在前 10 位（表 1-13）。预期“十三五”时期是加大环境保护力度、努力弥补欠账时期，环境质量全面改善，环境得到根本好转的可能性不大。

表 1-13　2013 年京津冀各项污染物达标城市数量

区域	城市总数	SO_2	NO_2	PM_{10}	CO	O_3	$PM_{2.5}$	综合达标
京津冀	13	7	3	0	6	8	0	0

数据来源：《中国环境质量公报（2013）》。

长江经济带是我国扩大内需的重要战略布局。沿线省市依托钢铁、石化、能源等产业优势，提出了沿黄金岸线加快发展制造业的发展目标。但长江已形成近 600 km 的岸边污染带，其中包括 300 余种有毒污染物，产业沿江布局将加剧长江流域的污染负荷与环境风险。

1.1.6　能源消费：规模新增及结构转变利好

能源资源消耗与经济发展呈现呈“S”形曲线，即在工业化前期，经济发展水平提高并不显著地增加能源资源的消耗。在工业化的过程中，能源消耗随着收入水平的提高快速上升。完成工业化后，能源资源消耗基本上达到饱和，保持稳定，钢铁、水泥等具有积累性的资源消耗还会出现明显的下降。一般而言，能源消费和污染排放存在显著的相关关系，经验表明，我国 90%的二氧化硫、67%的氮氧化物、70%的烟尘排放量、70%的二氧化碳排放量都源于燃煤。“十三五”时期，我国的能源消费量、能源结构、能源效率等能源形势对环境污染排放带来深刻的影响。

1.1.6.1 能源消费总量及增速的环境影响

经济发展与能源需求“脱钩”形态明显，能源需求低增速、低增量将成为新常态。改革开放以来，我国的能源消费总量快速增长，1980—2010 年的 20 年间增长了 141.45%，年均增长 7.07%。“十五”以来，能源供应超高速增长，2001—2010 年，能源消费总量增加了 120%，年均增加约 2 亿 t 煤炭消费（1990—2000 年 10 年消费增量总和为 4 亿 t)。“十二五”以来，随着我国经济增长放缓、过剩产能化解压力提升及节能减排等系列措施，能源消费增长呈现持续放缓的态势。2014 年我国煤炭消费首次出现下降态势，由年均新增 1.63 亿 t 标煤转变为 2014 年下降 4 400 万 t 左右，增速由 2003 年 18.3%的最高点下降至 2014 年的-1.3%水平[①]。我国能源消费已经由年均新增 1.9 亿 t 标煤下降至 2014 年新增 0.4 亿 t 标煤左右，增速由年均 8%左右下降至 2014 的 1.0%左右。能源消费增速（1%～3%）已显著低于我国经济增速水平（7%～7.5%)。结合 2014 年能源工作指导意见、能源发展形势等，采用产值单耗法、回归分析法对我国能源消费进行分析预测。结果显示，与“十一五”时期相比，“十三五”时期能源消费将处于增速、增量双降低的态势，但仍处高位。“十一五”“十二五”“十三五”期末能源消费总量分别达到 32.5 亿 t 标煤、38.4 亿 t 标煤、44.2 亿 t 标煤，年均增长率分别为 6.63%、3.41%、2.87%。从新增量看，各期末分别比上一期末新增 8.89 亿 t 标煤、5.89 亿 t 标煤、5.79 亿 t 标煤，年均分别新增 1.78 亿 t 标煤、1.18 亿 t 标煤、1.16 亿 t 标煤（图 1-7)。国内外不同研究机构对我国能源消费总量的预测值存在差异，但总体认为 2030 年以前我国能源消费总量都将保持增长态势。

---

① 数据来源：2015 年能源工作会议。

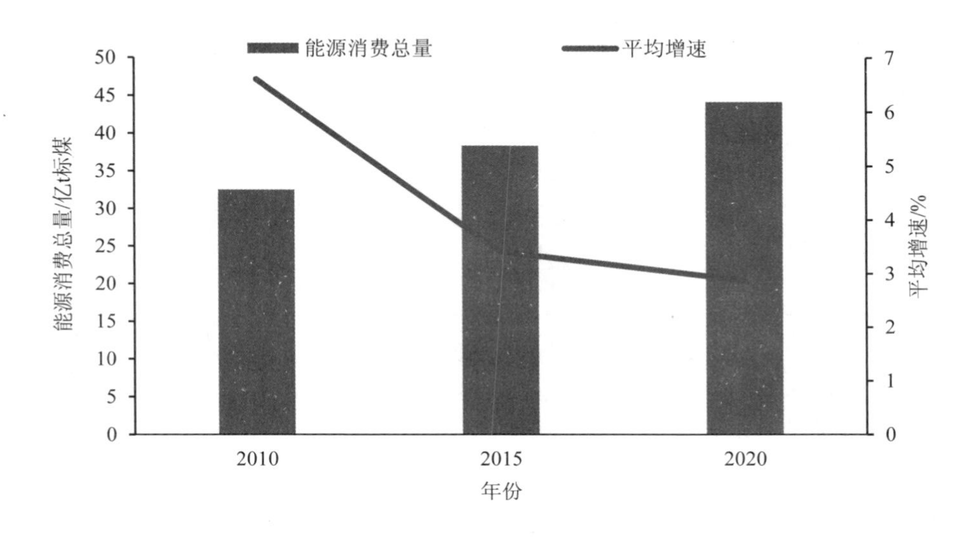

图 1-7 “十三五”时期能源消费总量及年均增速

1.1.6.2 能源结构调整形势及环境影响

煤炭消费峰值将在“十三五”时期到达，能源结构的低碳化、绿色化趋势明显，能源消耗强度将进一步降低，燃煤带来的新增污染排放压力趋缓。《中国能源发展报告》《中国的能源政策》白皮书（2012）、《中国中长期能源发展战略研究》等研究报告，以及《节能减排综合性工作方案》《“十二五”节能环保产业发展规划》《可再生能源发展“十二五”规划》《能源发展战略计划（2014—2020）》等，进一步明确了实现我国能源系统优化的目标和总体要求，预期未来我国能源结构调整呈加快势头。煤炭结构进一步降低，预期在 2020 年左右实现煤炭峰值，清洁和可再生能源持续稳步增长。根据规划意见等相关目标及模型分析预测，预期至 2015 年、2017 年和 2020 年，煤炭比例下降至 65.7%、65%和 62%；至 2015 年、2017 年和 2020 年，天然气比例分别上升至 7%、8.5%和 10%；其他可再生能源比例则由 2013 年的 9.37%上升至 2020 年的 16.5%（表 1-14）。历史数据分析表明，每消耗 1 亿 t 煤，大约新增 160 万 t 二氧化硫、50 万 t 烟尘、7.5 万 t 氮氧化物。据此测算，“十一五”时期、“十二五”时期，因燃煤带来的 SO_2 新增量分别为 829.68 万 t、493.74 万 t；新增烟粉尘分别为 259.27 万 t、154.29 万 t；新增氮氧化物分别为 38.89 万 t、23.14 万 t；“十三五”时期煤炭基本维持稳定，保持不增态势，因此由于新增煤炭而产生的大气污染物可以忽略。

表 1-14　全国能源消费结构历史占比及预测比例　单位：%

年份	煤炭	石油	天然气	其他
2000	69.20	22.20	2.20	6.40
2005	70.80	19.80	2.60	6.80
2010	68.00	18.97	4.35	8.67
2015	63.30	18.50	7.00	11.20
2017	62.31	18.50	8.50	11.69
2020	55.00	18.50	10.00	16.50

1.1.6.3　国际及区域能源新形势的环境影响

短期油价下降利于我国能源战略储备，页岩气开发等对我国能源环境影响较大。国际能源环境形势近年来发生剧烈变化，国际原油价格累计降幅已超过50%，有利于我国降低油气进口成本，为我国能源清洁化提供有利的外部条件。我国占全球页岩气技术可采资源量的 19%，排名世界第一。页岩气开发面临着水资源消耗、地下水污染、温室气体排放等环境问题，当前，美国页岩气开发前景明朗，为我国页岩气开发提供了技术空间，未来我国页岩气开发采取何种开发模式，环境问题都将是各方关注的焦点，需审慎应对。

能源消费的区域性环境污染分异大，未来能源调整的分区分类指导突出，带来区域治污减排的新形势。全国分地区来看，地方空气质量与该地区污染物排放量、能源结构息息相关。高煤炭型能源结构地区环境污染物排放较多，环境质量相对较差，而相对低碳型能源结构地区环境污染物排放较少，环境质量相对较好。以三大重点区域为例，珠三角、长三角、京津冀地区环境质量呈现明显梯度特征（表 1-15）。这与区域的能源结构、万元 GDP 能耗、万元 GDP 煤炭等有较大关联性。从当前形势看，部分发达地区煤炭消费总量已经达到或接近高峰，其中北京市煤炭消费量从 2006 年开始持续下降，天津、上海、浙江、广东的煤炭消费量在 2012 年出现下降。随着国家对三大区域能源结构调整的加严及大气污染防治行动计划落实等，京津冀地区环境质量改善速度加快，珠三角地区空气环境质量率先达标的形势较好。

表 1-15 我国部分区域 $PM_{2.5}$、PM_{10}、SO_2 和 NO_2 年均质量浓度 单位：μg/m³

地区	$PM_{2.5}$	PM_{10}	SO_2	NO_2
京津冀	106	181	69	51
长三角	67	103	30	42
珠三角	47	70	21	41
辽宁	86	—	42	32
山东	98	160	71	48
湖南	—	77	39	29
重庆	106	70	32	38
四川	61.25	85	34	36
陕西	—	83	30	31

数据来源：《中国环境统计公报 2013》。

1.1.7 国际形势：艰难复苏，环境利益争夺加剧

世界经济保持低速增长趋势，政经格局多元化。1929 年以来全球大体经历了 14 轮经济周期，当前处于时间最长、冲击最大的后危机时代，经济整体呈现缓慢复苏态势。“十三五”时期，以页岩气、互联网商务以及特斯拉为代表的绿色产业等为新增长点，世界经济有望呈现低位温和发展态势，IMF 预测 2015 年和 2016 年，全球增长率将分别达到 3.5%和 3.7%。OECD 预测至 2020 年，非 OECD 国家经济增速下降至 5%，OECD 国家经济增速降至 2%。预期全球经济一体化和政治力量扩散化同步发展，共同推进形成两强引导、多元共存的多极格局。国际贸易、服务和投资新规则制定的角力，将会成为国际经济关系的一个焦点。

至 2020 年，我国有望超越美国，成为第一大经济体，在亚洲地位有望进一步稳固。综合 OECD、世界银行、IMF、麦迪森等机构预测，未来 10～15 年，我国有可能超过美国成为世界第一大经济体，人均 GDP 达到中等发达国家水平，若按照购买力平价法，我国将在 2020 年前在世界经济中占据首位。根据世界银行划分标准，未来 5～10 年是我国由中等收入国家向高收入国家迈进、由接受和提供官方援助到主要提供官方援助转变转折时期。亚太地缘战略重要性凸显，我国已部署“一带一路”的重要战略布局，成为进一步打通我国向西、向南开放的重要通道，有利于以周边为基础加快实施自由贸易区战略，实现商品、资本和劳动力的自由流动。

参与全球价值链分工有望前移，互联网、物联网、信息化的追赶红利提升。

我国在全球价值链中占有重要地位，数据显示，美国对我国价值链依存度高达 19%，超过对欧盟的依存度（13%），但总体上我国处于微笑曲线的“中低端”环节。受制于劳动力红利减弱、化解严重过剩产能、经济转型等压力，过剩产能、劳动密集等产业向东南亚、中亚等地区转移趋势逐步明显，我国产业结构正呈现由中低端向高端状态演进趋势。数据显示，我国机电产品和高新技术产品出口逐步上升，加工贸易产品比重下降，中国产品在国际产业链分工中的地位有所上升，国际污染转移问题有所缓解。从产业结构看，传统产业结构的后发优势已基本消失，以“智能制造”为特征的工业 4.0 发展模式，以及互联网、信息化等产业将成为我国模仿、追赶的重要红利，有望持续提升。

国际形势复杂多变，新贸易规则竞争等影响深远。“十三五”期间，世界经济增长格局变化、发展中国家与发达国家对话语权的争夺、发达经济体主导的高标准高规格的贸易体系的建立、我国周边地缘政治的复杂局面等国际形势更加难以应对。国际体系和规则之争激烈，发达经济体正着力推进 G7、TPP、TTIP 等高标准自由贸易和投资规则，对我国的影响深远。我国正处于新旧动力机制交替时期，追赶红利消失殆尽，美国再工业化战略、德国工业 4.0 战略对我国制造业等技术创新挤压、工业升级等带来严峻挑战。

总体而言，我国正处于经济增长速度换挡期、前期扩张政策消化期和结构调整阵痛期三期叠加阶段，原有增长动力开始减弱，新的增长动力尚在孕育和形成之中。国际经验表明，高速增长期结束，并不意味着中速增长会自然到来。如果不能在 GDP 增长减速的情况下改善增长质量，优化结构和提高增长效率，过去被 GDP 数量所掩盖的经济和社会矛盾就会暴露并趋于激化，中速增长也难以稳住，经济增长出现大幅下滑，则可能引发系统性风险。长期以来我国经济发展方式固有惯性大、转变难，大量提高技术水平的空间极大缩小，创新难度大，生产率快速提高已经难以为继，转变的快慢及成效将对环境污染减排、质量改善带来重大的影响需要密切关注。

1.2 社会发展对环境的影响

1.2.1 人口结构：低增长率与老龄化趋势

人口问题在经济社会法制中始终处于基础地位。人口是影响经济社会发展的关键因素，也是影响资源环境消耗的重要来源。我国的人口增长、人口结构、消费观念都发生了重要变化，对产业结构、消费结构、污染排放及环境问题应对带来了新的形势。

人口处于低增长率水平，预期 2030 年之前达到峰值。我国自 20 世纪 80 年代实行计划生育以来，尤其是 1987 年以后，人口自然增长率保持了稳步下降的态势，保持在 5‰左右的水平。2014 年，全国大陆地区人口规模达到 13.67 亿人，比上年末增加 710 万人，人口自然增长率为仅为 5.21‰（图 1-8）。

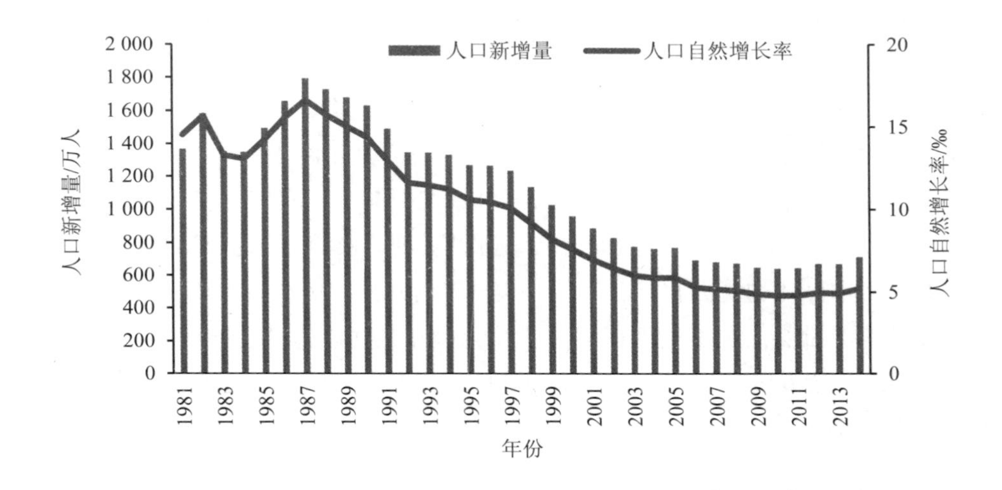

图 1-8　1981—2014 年我国人口新增量及自然增长率

根据《世界人口展望》（2012 年修订版）最新研究，预计中国人口将在 2030 年后开始下降，2100 年减少至 11 亿。2028 年后，印度人口预计将继续增长直到 16 亿，超过中国人口规模。国家卫生和计划生育委员会分析提出我国的人口将大约在 2030 年之前触顶，达到约 14.6 亿人。也有学者认为我国人口的低生育率与人口预期寿命的延长，已经并将继续推动我国人口不断老龄化和高龄化，2020 年左右我国人口总量将开始负增长①。

儿童抚养比降低与老年抚养比升高并存，劳动力年龄人口达到峰值，未富先老、未城先老、未备先老形势严峻。从我国人口结构看，我国的人口抚养比处于 35%左右的低水平（国际一般较为科学合理标准为 50%）；而儿童抚养比正呈现

① 数据来源：左学金：《中国人口负增长前瞻》，载《鸿儒论道》2014 年第 10 期。

下降趋稳态势，保持在 22%左右低水平，而老年抚养比则保持上升态势，少子化程度超过老龄化程度（图 1-9），将会带来我国远期经济问题的核心是总抚养比太高（老年抚养比太高），劳动力不足和老年化。第六次人口普查数据显示，我国 0～14 岁人口为 2.22 亿，占 16.60%，这一数据比 2000 年第五次全国人口普查数据下降了 6.3%。老年人口预计将从 2012 年的 1.94 亿上升至 2025 年的 3 亿，我国可能会面临社会保障危机。2012 年，我国 15～64 岁总劳动人口达到顶峰，2013 年开始负增长。发达国家一般在进入老龄化社会时，人均 GDP 已经升至 5 000～20 000 美元水平。不同于发达国家"富了再老"，我国 2000 年已经进入老龄化社会，人均 GDP 仅为 800 美元，经济和社会发展水平还相对比较低，是"未富先老"的状态，且将长期处于人口老龄化社会，老年人人口规模庞大，预计 2025 年将超过 3 亿，2033 年将跨过 4 亿，2050 年将达到 4.8 亿。发达国家在进入老龄化社会时，城镇化基本已经完成。2014 年，我国的城镇化水平仅有 54%，远低于发达国家的城镇化成熟阶段水平。在老龄化不断加深的城镇化进程中，农民工市民化的任务将十分艰巨，农村养老问题将更加突出。西方主要发达国家早在老龄社会之前或初期就建立了社会保障制度，而我国国家发展滞后于人口老龄化，社会并没有充分认识到人口老龄化带来的新挑战，更没有充分应对的政策和制度准备。

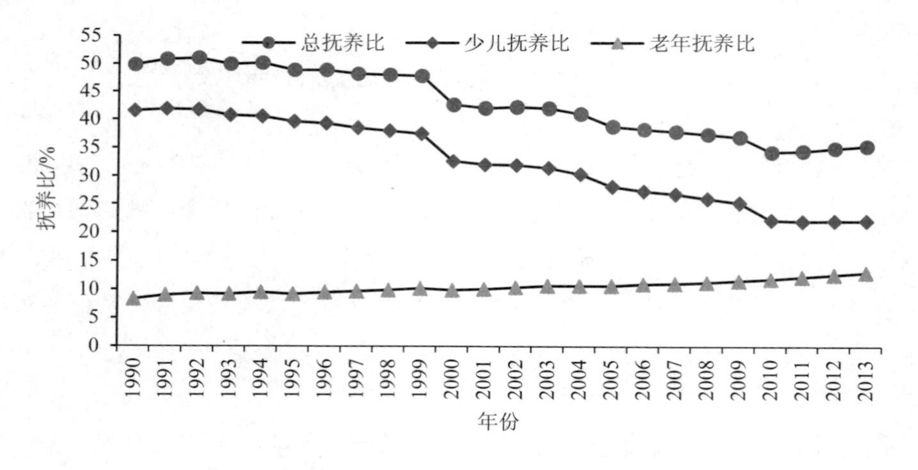

图 1-9 1990—2013 年我国抚养比变动情况

劳动力"老龄化"对我国创新能力及生产效率提升带来极大挑战，"人口红利"消失给我国带来制造业、产业等发展的压力。劳动年龄人口峰值与经济联系紧密，劳动年龄人口影响着 GDP 增长率、消费支出和需求。总劳动力下降将直接影响经济增长放缓。例如，日本 15～64 岁的劳动力从 1960 年的 5 931 万增加到 1995 年的 8 726 万；根据世界银行《世界发展指数 2011》，日本 GDP 占全球比例从 1960 年的 3.3%上升到 1994 年的 17.9%。但是 1995 年之后劳动年龄人口开始负增长（年龄结构也不断老化），1996—2010 年日本 GDP 年均只增长 0.9%，日本的 GDP 占全球比例从 1994 年的 17.9%快速下降到 2010 年的 8.7%。我国农村劳动力的转移数量、劳动年龄人口数量难以满足城市发展需求，劳动力工资成本在加速上涨，在资本密集、技术密集产业还没有足够竞争优势，我国经济处于比较优势向竞争优势转换阶段，若不能很好应对老龄化问题，将可能陷入中等收入陷阱，增加社会不稳定因素。一般规律表明，劳动力在 20～40 岁是创新能力和体力最强时期，我国劳动力平均年龄为 40 岁左右，一个年轻人口比例为 50%的国家的创业活动是 45%的国家的 2 倍左右[①]。未来老龄化在一定程度上对新产业、新业态岗位的适应能力弱，给科技创新带来一定影响，也会影响劳动生产率的提升，进而影响产业发展。

1.2.2　收入及消费结构：中等收入群体壮大及个性化特征

排浪式消费形势发生转换，住房等消费需求已到达拐点，汽车需求峰值将在 2020 年左右实现。国际经验表明，工业化高级阶段的重要体现是第三产业、消费等成为社会拉动的主要力量。2012 年，我国第三产业增长占比已超过 50%，对经济增长的动力处于稳定提升过程，网络等新型消费增长较快，成为未来消费的重点领域。据数据预计显示，2014 年全面社会消费品零售总额增长 12%左右，接近 27 万亿元，市场规模居全球第二，其中，网络零售额预计增长 50%左右，大众餐饮收入增长超过 10%，通信器材零售额增长接近 30%[②]。但根据国家统计局的数据，近 20 年来，我国劳动者报酬占国民收入比重由 1995 年的 51.1%下降到 2013 年的 44.7%，呈现出逐年下降的趋势，而居民收入在国民收入初次分配中的收入占比也呈现出类似的下降趋势。我国居民消费率不足 40%，远低于国际平均水平（60%左右）及美国（70%左右）、日本（55%左右）水平，未来消费仍有很大的增长潜力。“十三五”时期，伴随工业化城镇化进程，在投资与外需

① 数据来源：马可佳：《人口老龄化让创新能力流失》，2012 年《第一财经日报》。

② 数据来源：中研网：2015.1，http：//www.chinairn.com/news/20150116/163614451.shtml。

拉动减弱情况下，生产性服务业、生活性服务业处于增长、强化拉动的态势。城镇住房需求已达到拐点，后续将基本保持略高于 GDP 的增长率。根据国务院发展研究中心研究结果，我国城镇居民住宅的历史需求峰值是 1 200 万～1 300 万套，2014 年已经达到这一水平，国家统计局最新数据显示，2014 年我国房地产开发投资比 2013 年回落 9.3 个百分点，商品房销售面积下降 7.6%，商品房销售额下降 6.3%，商品房待售面积比 2013 年末增加约 1.29 亿 m^2，预期住房需求在达到峰值后“十三五”时期会出现逐步走平、逐步下行的态势。根据城镇化的进程，预期汽车的长期需求年度峰值将在 2020 年左右出现。

人口及收入结构变动带来消费结构改变。人口结构变化带来消费需求的变动。人口老龄化会带来对住房、道路、交通和众多物质产品的消费需求减少，相比较而言，对健康食品、保健物品、医疗服务、护理服务及其器具、家政服务、继续教育、文化娱乐、精神慰藉等需求的比重则将大幅度上升。从我国居民收入增长及消费需求看，多层次、个性化消费成为未来发展方向。过去我国消费具有明显的模仿型排浪式特征，崇尚并模仿西方国家的消费方式，当同一收入阶层具有购买能力时，会在同时间内集中能力购买家电、汽车、住房、电子等某类商品。伴随居民生活水平的不断提高，以及收入拉开差距，居民生活消费也渐渐拉开档次，个性化、多样化消费渐成主流。高收入群体以绿色和有机食品、进口消费品、世界名牌商品为主；中等收入群体则主要以消费国内的品牌商品为主，但对孩子的消费则主要选用进口产品；对于大多数城市的低收入者来说，则仍然以消费国内食品与价格相对低廉的消费品为主。可见，国内居民消费已经呈现出多层次和多样化的特点。服务型消费将成为增长潜力点，如旅游业、健康产业、体育产业、娱乐业、信息产业、文化教育艺术产业、养老产业等服务行业都将有极大的发展空间。

消费形势变化加剧了消费型、生活型、新型环境污染解决难度，城市乡村、生产生活型环境问题交织影响，亟待突破。我国环境保护历经 40 年发展，治污减排的重点领域已经由工业、城市拓展到生活、农业、交通等多个领域。“十三五”时期，我国正在向消费型社会转变，消费的增长以及创新性、个性化、老年型消费带来了污染型以及新型环境问题，加大了对消费污染防治的难度。经济的快速发展带来产品种类极大丰富、产品更新换代速度提升，汽车、住房等消费结构和消费方式转型升级等，既有生产、流通等环节的环境污染，也有消费等生活型污染，环境问题复杂，结构性污染突出。住房、汽车等需求放缓带来主要工业产品、原料生产的压力，利于环境保护。但城镇人口增长预期将加剧城市环境基础设施供给与需求的矛盾，城市环境污染问题已十分严峻，每年新增2 000万辆机动车加大了城市空气质量改善的压力，百姓看得到的内河水体污染量大面广，治理成本高。人口增长及城乡居民生活水平提升，带来农产品及食品消费需求增长速度加快，预期到2020年，我国粮食需求量将比2011年增长约8 000万t，供需平衡压力加大，施用农药、化肥提高产量态势可能无法减缓，由此导致的农村面源污染、土壤环境不安全等问题依然严峻。农村畜禽养殖、生活垃圾等环境污染分散、防治难等，土地城镇化的农村生态系统、生态安全格局破坏等问题突出，加剧农村环境污染防治难度。粮食和主要农产品消费进入结构转型期，农副产品加工等现代农业产业将呈上升趋势，带来新型环境污染。不当的农村和农业发展方式可能进一步加大环境压力。

1.2.3 社会环境诉求：环境公共服务需求与滞后的供给矛盾凸显

社会公众的环境公平正义观、环境权益观明显提升。网络、微博、微信等新媒体发展迅速，对环境数据整合、动态更新及信息公开透明等带来了新挑战。灰霾天气、污染事件等成为关注焦点并“烙印”强烈，但环境知识普及和环境责任意识明显不足。从邻近地区建设项目决策、环境质量评价、政府问责等，反映出公众维权意识与参与意识正在增强。

社会公众对环境质量快速改善的诉求强烈，日益增长的生态产品需求与滞后的公共服务供给的矛盾凸显。当前及“十三五”时期，全社会环境意识空前高涨，良好的生态环境成为人民群众的新期待，环境保护工作与社会需求“短兵相接”。社会公众环境质量改善需求快速提升与污染治理短期见效难存在矛盾，诉求强烈环境形势正成为新常态，环境基本公共服务供给与需求仍存在较大差距。

公众的污染“邻避心理”增强，环境污染的忍耐度、可接受环境风险水平逐步降低。“十三五”是我国全面建成小康社会的关键时期，也是社会公众的“可接受环境风险水平”的重要转变期。随着社会富裕程度的提高，社会公众的最大可接受风险水平、可忽略风险水平逐步降低，且在“温饱”“小康”“富裕”阶段具有“数量级”的差异。因此，总体上看，“十三五”时期，我国社会公众对环境风险防范的期许和要求将越来越高，且存在地区和城乡差异。

公众环境保护参与程度将明显提升、渠道将更加多样，社会监督将成为环保新常态。公众参与是提高社会环境意识，增加环境保护、监督管理力度的重要手段。从新动向来看，新《环境保护法》充分体现了公众参与环保的理念，规定一切单位和个人都有保护环境的义务；公民、法人和其他组织依法享有获取环境信息、参与和监督环境保护的权利等。“十三五”时期，预期公众参与、社会监管共治将成为环境保护的新态势。

1.3 改革形势对环境的影响

党的十八届三中全会《中共中央关于全面深化改革若干重大问题的决定》（以下简称《决定》）提出“全面深化改革”的战略方针和“推进国家治理体系与治理能力现代化”的战略目标，2014 年进入改革年，“十三五”时期将是改革在经济、政治、生态等领域取得关键成果的重要阶段，各领域改革形势的变化、现代治理体系的建设成效等都将对生态环境治理体系建设、资金能力等带来短期及长期影响。

1.3.1 改革形势及环境影响

“改革红利”释放总体利好环境保护，但政策制度存在不确定性。党的十八届三中全会确立了改革的总基调，经济体制改革、政府职能转变、财税体制改革等成为我国体制改革的重要方面，并将深化生态文明体制改革作为六条主线之一，确定了生态文明制度在改革中的重要地位[①]。预期在“资源产权、用途管制、生态红线、有偿使用、生态补偿、管理体制”等改革到位，红利释放较大等形势下，生态环境保护、环境管理体制机制成效将取得突破。近期，生态文明建设目标体系制定实施、生态环境保护红线划定、横向生态补偿机制建设完善、排污许可和企事业单位污染物排放总量控制、《环境保护法》修改完善，以及发挥市场机制作用、强化责任考核和追究、推进环境管理战略转型等试点都将对“十三五”期间环境保护工作产生重大深远的利好影响[②]。但“十三五”期间，我国改革将步入“深水区”，到了“啃硬骨头”阶段，未来政府、市场及社会体制机制改革任务繁重，深层改革推进难度大，转型仍存在很多障碍。固有的经济发展轨迹惯

① 十八届三中全会：《中共中央关于全面深化改革若干重大问题的决定》，2013 年 11 月 12 日。

② 周生贤：《改革生态环境保护管理体制》，2014 年 1 月 30 日《人民日报》。

性大、资源能源低水平利用、财税及政绩考核等问题加大了经济转型的难度。"社会结构性重组"具有紧迫性，社会财富和利益在社会公众之间的"公正分配"程度，决定着中国社会的团结、合作、安全、稳定、凝聚力和持续发展，决定着小康社会和国家治理现代化目标的实现。经济社会以及环境领域破冰改革的难度有可能降低改革红利的效力，需要审慎对待。

环保部门体制机制存在较多问题，环境管理转型发展的难度大、形势严峻。建立和完善严格监管所有污染物排放的环境保护管理制度、独立进行环境监管和行政执法、实施陆海统筹的生态系统保护修复和污染防治区域联动、赔偿补偿政绩考核终身追责等改革还需要重点研究、逐步推进，"十三五"期间推进力度和方向还存在一定的不确定性。一是对森林、草原、水体、海洋、农田、荒漠等生态环境关注较少，生态环境管理分散在各部门，统一的生态环境管理体制改革关系到多个部门职能权利，调整难度大。二是职能交叉，执法主体和监测力量分散，环保部门条块监管、多头执法等问题突出。三是环境保护改革进入"深水区"，越来越受到机制体制等方面的制约。环境管理存在严重的交叉错位现象，需要重构碎片化的管治体系，积极探索实行职能有机统一、运行高效顺畅的环保大部门体制，科学划分中央和地方的环境事权，强化环境资源统筹能力。

1.3.2 法制建设的环境影响分析

党的十八届四中全会做出全面推进依法治国的重大决定和战略部署，党领导依法治国、建设法治国家也进入了一个新的发展阶段。"十三五"时期预期将是建立完善我国各领域法律法规体系的重要阶段。环境保护是我国的基本国策，也是每个公民应尽的权利与义务。依法治国及新《环境保护法》的出台实施，将对我国环境保护领域法律手段的执行有较大的提升，但对法律执行效力、落实情况及配套细则等问题仍具有较大的不确定性，需求密切关注。

新《环境保护法》作为环保领域统领性法律，将会促进法律、法规等环保法制体系进一步丰富完善，环保法律偏松、偏软、偏弱等形势进一步改善。新《环境保护法》是对 1989 年《环境保护法》颁布实施的首次修订，并于 2015 年 1 月 1 日起正式实施，对"十三五"时期加强环保法律地位、实现环保倒逼产业转型夯实了基础。新法新增规定"保护环境是国家的基本国策"，并明确"环境保护坚持保护优先、预防为主、综合治理、公众参与、污染者担责的原则"，强化环境保护的战略地位；提出的建立生态红线制度，授予执法部门查封、扣押权，区域限批制度，认可越级举报制度等，有效强化了环境监管力度。从修订内容看，新增“按日计罚、不设罚款上限、规定了行政拘留”的处罚措施，有利于解决长期以来企业违法成本低的问题；新《环境保护法》强调权利与义务的均衡，明确规定“地方各级人民政府应当对本行政区域内的环境质量负责”，加强了政府的环境责任，开始向国家环境政策法转变；新《环境保护法》增加“信息公开和公众参与”，推动公益诉讼加快发展。我国目前已出台了《水法》（1984 年）、《大气污染防治法》（1987 年）、《固体废物污染环境防治法》（1995 年）、《噪声污染环境防治法》（1996 年）、《海洋环境保护法》（1982 年）等 30 部环境、资源保护方面的法律，近百部环境保护行政法规，形成了比较健全的环境保护法律、法规体系，预期“十三五”时期，在新《环境保护法》基础性、综合性法律的指引下，专项法律法规、法律落实细则等都将配套出台，进一步落实。

环保领域法制加严带来短期不适应性，基础执法能力不足、执行不到位、不履职等风险加大，对环境保护的效果及程度存在一定的不确定性。新《环境保护法》被称为历史最严的一部环境保护法律制度，目前正处于起步执行期，政府、企业、社会等各主体处于磨合接受期，短期不适应性存在。而我国的环境保护能力建设处于先天不足，后天发展不快的劣势，基层环境执法能力与法律要求、任务履责需求存在明显差距。县级以下的环境保护部门监管机制不健全、人员不足、监管人员素质偏低等问题普遍存在。环保部门在增权与增责并存，监测鉴定污染样品、聘请专家论证污染事件、赔偿损失和奖励举报人等都需要较大经费支出，但经费尚未列支、追加受限等问题存在。法律各条、各款需要法律细则予以落实，出台相关法规需要认真研究论证，具有时限问题。未来环保法律制度的落实、执行等效力仍存在较大的难题与不确定性，需要积极稳妥地应对。

1.3.3 财税体制改革的环境制约分析

财税体制改革是国家治理的基础和重要支柱，科学的财税体制是优化资源配置、维护市场统一、促进社会公平、实现国家长治久安的制度保障。党的十八大从全局和战略的高度强调要全面深化经济体制改革，提出了加快财税体制改革的明确要求。财税体制改革的影响是广泛、持续、内在、根本的。财税体制重大改革总体上将对环境保护机制、体制、制度完善起到积极作用，但短期“阵痛”的影响仍需密切关注。

财税体制改革将对环境保护带来利好。从当前及发展形势看，调整税制结构，有利于税收发挥调控作用，发挥税收的“红利”作用，对环境保护领域起到积极作用。调整消费税征收环节，可弱化政府对生产环节税收的依赖，增强对消费环境的关注，促进解决重复建设和产能过剩问题，优化经济结构。推进资源税改革，有利于其发挥增加财政收入、促进资源节约和环境保护的作用，有效抑制资源过度开发造成的浪费。清理和规范税收优惠政策，有利于建立正常的市场秩序。营业税改征增值税的做法避免了服务业重复征税，减轻了服务业税收负担，有利于推进产业转型。实行资源有偿使用制度和产权制度，有利于改变过度利用造成的环境破坏。健全自然资源资产的产权制度，有利于改变自然资源被视为无主资源而被过度利用的局面，从而有利于保护脆弱的生态环境。

排污费改税将对目前不少地方环境保护投资和部门经费保障渠道主要靠排污费“以收定支”的格局有直接、较大冲击。据调查，排污费每年稳定提供100亿元左右的治污资金（占排污费总量的60%），提供30%左右的环保系统经费来源和支出，尤其需要指出的是，排污费提供了全国县级环保经费的40%、全国监察执法系统经费的40%、中部地区环保系统经费的40%、全国能力建设投资的77%（占排污费总量的20%左右，影响半数环保机构）。取消排污费后，费改税将打破基层环保部门经费和环保投资或明或暗的以收定支、总量平衡的传统格局，财力薄弱地区的地方政府无力解决环保支出和环保部门经费问题。特别是营业税改增值税后，一段时间内地方自主收入会有一定程度的降低，在地方税种改革尚未完全到位时，地方政府用于污染治理以及环保系统经费等环境保护投资很可能会降低，环境保护税收入用于平衡财政支出的可能性会增大，所以，短期内环保投入形势不容乐观。因此，在税费改革过程中，原由排污费安排的支出纳入财政预算安排，以及环境保护税收入用于环境保护工作这些原则规定的约束性和地方政府的执行力度，将决定今后基层环保部门的经费保障状况，并直接作用于全国的环境监管工作。

治污减排专项投入需求大，一般性转移支付难以保证用于环境保护的投资。近年来，中央财政专项转移支付占中央政府环保支出的比例达到45%左右，2010年达到446亿元（不考虑预算内基本建设资金）。不少省份近年来主要是通过应急式的专项资金固化为主要的投资渠道，扩大政府环保支出，这对于带动地方（据估算中央和地方投入比例约为 1∶1.3）和社会投资，对针对性解决重大环境问题起到了积极作用。财税体制改革提出清理、整合、规范专项转移支付项目，属地方事务的划入一般性转移支付。随着专项转移支付压缩整合与一般性转移支付的强化，若无约束性的支出政策和制度规定，将使国家和各省环境保护专项定向投入受到较大影响，难以保证资金用于地方环境保护事务，对国家大气、水、土壤、重金属等规划、计划的实施投入保障存在不确定性，治污投入极有可能被基层和财政保障情况较差的地区“统筹”用于其他经济社会事务。

在财税体制改革尚未到位的情况下，政府间财政关系改革会对目前不少地方财政资金主要保政府运行、治污投入较多依赖上级的格局有一定冲击。《中共中央关于全面深化改革若干重大问题的决定》从全局和战略的高度强调要全面深化改革，提出了加强中央政府宏观调控职责和能力，加强地方政府公共服务、市场监管、社会管理、环境保护等职责，首次将环境保护明确为地方政府五大职责之一。同时，党的十八届三中全会首次对建立事权和支出责任相适应的制度提出了明确要求。保持现有中央和地方财力格局总体稳定，应进一步理顺中央和地方收入划分，逐步理顺事权关系，中央和地方按照事权划分相应承担和分担支出责任。但是，据调查，基层环保部门能力建设、基本建设以及污染防治资金基本没有渠道，主要依靠国家和省级环境保护部门。因此，这种改革对目前不少地方财政资金主要保政府运行、治污投入较多依赖上级的格局带来巨大影响。不能片面地将环境保护事权理解为单纯地方事权或市场起决定性作用的权利。在现行财税体制改革尚未到位的情况下，简单的环境保护事权财权划分将对基层政府环保支出和环保部门经费格局造成较大冲击。

第 2 章
全面小康环境目标

2020 年是全面建成小康社会的战略期限，在经济、社会发展面临重大转型，公众环境诉求迅速提高的形势下，“十三五”时期的环境管理面临重大挑战。本章从面向全面建成小康社会出发，通过对比同等经济水平下国外环境质量，研判我国“十三五”期间环境质量改善的基础。从环境质量的供给和需求角度，在社会可接受、经济技术水平可行和环境能承载的三者之间，研究“十三五”时期的环境质量目标。

2.1 全面小康社会的总体目标

“小康”一词最早出自中国古代典籍《礼记》，原意是指古代自然经济条件下比较宽裕的生活状态，是比理想中“天下为公”的“大同”社会较低级的发展阶段和社会形态。总体来看，小康是介于温饱和富裕之间的一个生活发展阶段，具有阶段性特征。“小康社会”首先是一个经济概念，但又是社会建设的前提和基础，应是一个经济发展、政治民主、文化繁荣、社会和谐、环境优美、生活殷实、人民安居乐业和综合国力强盛的经济、政治、文化全面协调发展的社会，是中华民族走向伟大复兴的社会发展阶段。我国对小康社会的要求是随经济、社会的发展而不断深化和丰富的。

1979 年 12 月 6 日，邓小平同志在会见来访的日本首相大平正芳时提出，中国现代化所要达到的是小康状态。他曾经说：“翻两番，国民生产总值人均达到八百美元，就是到 21 世纪末在中国建立一个小康社会。这个小康社会，叫作中国式的现代化。”“翻两番、小康社会、中国式的现代化，这些都是我们的新概念。”邓小平同志不仅描绘了小康社会的发展蓝图，而且构想了建设小康社会的跨世纪发展战略，即著名的“三步走”发展战略。

1997 年，党的十五大报告提出：第一个十年（指 2000—2010 年）实现国民生产总值比 2000 年翻一番，使人民的小康生活更加宽裕，形成比较完善的社会主义市场经济体制；再经过十年的努力，到建党一百年时（指 1921—2021 年），使国民经济更加发展，各项制度更加完善；到 21 世纪中叶新中国成立一百年时（指 1949—2049 年），基本实现现代化，建成富强、民主、文明的社会主义国家。

2002 年，党的十六大报告提出新目标：到 2010 年，使经济总量、综合国力和人民生活再上一个大台阶，为后十年的更大发展打好基础；到 2020 年，GDP 力争比 2000 年翻两番，综合国力和国际竞争力明显增强，全面建设惠及十几亿人口的更高水平的小康社会；到 21 世纪中叶基本实现现代化，把我国建成富强、民主、文明的社会主义国家。

2007 年，党的十七大确立了社会主义经济建设、政治建设、文化建设、社会建设“四位一体”的社会主义（现代化）事业总体布局，进一步扩展了小康社会的要求：到 2020 年，实现人均国内生产总值到 2020 年比 2000 年翻两番。增强发展协调性，努力实现经济又好又快发展。扩大社会主义民主，更好保障人民权益和社会公平正义。加强文化建设，明显提高全民族文明素质。加快发展社会事业，全面改善人民生活。建设生态文明，基本形成节约能源资源和保护生态环境的产业结构、增长方式、消费模式。循环经济形成较大规模，可再生能源比重显著上升。

2012 年，党的十八大提出中国特色社会主义“五位一体”总体布局，从 5 个方面充实和完善了全面建成小康社会的目标：到 2020 年实现国内生产总值和城乡居民人均收入比 2010 年翻一番；人民民主不断扩大；文化软实力显著增强；人民生活水平全面提高；资源节约型、环境友好型社会建设取得重大进展。其中，生态环境和可持续发展方面的目标为：主体功能区布局基本形成，资源循环利用体系初步建立。单位国内生产总值能源消耗和二氧化碳排放大幅下降，主要污染物排放总量显著减少。森林覆盖率提高，生态系统稳定性增强，人居环境明显改善。

2016 年，党的十八届五中全会提出的环境目标为：生态环境质量总体改善；生产方式和生活方式绿色、低碳水平上升；能源资源开发利用效率大幅提高，能源和水资源消耗、建设用地、碳排放总量得到有效控制，主要污染物排放总量大幅减少；主体功能区布局和生态安全屏障基本形成。

2.2 全面小康社会总体目标进展的协调性分析

2.2.1 2020年全面小康社会的经济社会情景预判

经济发展情景：据“十三五”环境保护规划课题组研究，预计到2020年，我国基本完成工业化进程，进入城镇化中后期阶段[①]，GDP增长速度以2015年7%、“十三五”期间6.5%左右测算，2020年人均GDP能够达到约1.5万美元（2010年现价美元），相比2010年人均GDP 5 432美元，增长1倍多。2020年，三次产业结构预期调整为7∶41∶52，城镇化率可达到60%左右[②]。可以预判，经济发展情景能够超预期达到目标。

民主、文化、生活发展情景：2014年党的十八届四中全会全面推进依法治国，建设中国特色社会主义法治体系，建设社会主义法治国家，依法治国的基本方略得到落实。预计到2020年，随着经济发展和人均收入的提高，城镇居民人均可支配收入和农村居民人均纯收入增长速度均处于高速增长态势，人民生活质量将会显著提高，2012年文化及相关产业的GDP增加值相比2000年增加了1倍，教育事业也稳步发展。结合国家统计局小康社会统计进程研究，从全国基本情况来看，社会、生活、民主、文化的发展情景基本能够满足全面小康的要求。

资源与环境保护发展情景：相比其他要求，资源与环境保护相关目标实现堪忧，尤其是环境相关目标难度很大。在2014年G20峰会上，习近平主席宣布中国在2030年左右达到二氧化碳排放峰值，意味着在2020年前，资源能源消耗总值还将处于增加态势，单位GDP能耗降低拐点还未可知。我国经济社会发展付出了过大的资源环境代价[③]。2013年，全国化学需氧量、氨氮、二氧化硫、氮氧化物排放总量累计分别下降7.8%、7.1%、9.9%、2.0%[④]，由于产业结构调整的长期性导致的污染物排放减少的艰巨性，要实现2020年主要污染物排放量大幅

---

① 中国实现“十二五”环境目标机制与政策课题组：《治污减排中长期路线图》，北京：中国环境出版社，2013年版。

② 《国家新型城镇化规划（2014—2020年）》。

③ 周生贤：《向污染宣战要打好三大战役》，http：//www.mep.gov.cn/gkml/hbb/qt/201403/t20140331_269883.htm.2014。

④ 《中国环境状况公报2013》，中国环境监测总站网站，2014年。

减少难度很大，同时区域性大气灰霾、城市黑臭水体、土壤污染等环境问题集中显现，2012年我国生态环境质量“无明显变化”[①]。

2.2.2 生态环境是全面建成小康社会的短板

关于衡量建设小康社会进程方法，国家统计局印发了《全面建设小康社会统计监测方案（2011）》，共设计了23项定量评价指标，分为经济发展、社会和谐、生活质量、民主法制、文化教育、资源环境6个方面，其中资源环境指标为单位GDP能耗、耕地面积指数和环境质量指数3项。国家统计局于2011年针对2000—2010年小康社会进程进行了统计（图2-1）。

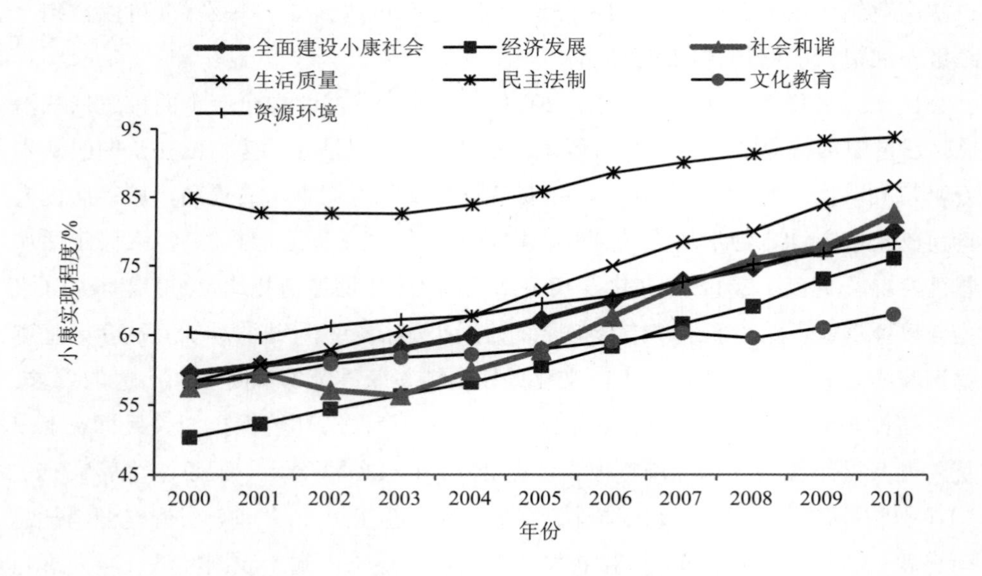

图2-1 2000—2010年各项指标变化趋势

数据来源：国家统计局《中国全面建设小康社会进程统计监测报告（2011）》。

分析得知，2010年我国全面建设小康社会进程为80.1%，资源环境为78.2%，与2000年相比，全国小康进程上升了20.5%，资源环境指标实现程度仅上升12.8%，而经济发展指标则上升了25.8%。社会经济指标突飞猛进，而环境指标

① 环境保护部：《2013中国环境质量报告》，北京：中国环境出版社，2014年版。

负向发展的现象突出，环境指标构成了全面小康社会的短板和最大制约因素，经济发展、社会发展、环境保护之间存在巨大的不平衡、不协调性。

2.2.3 环境质量目标是环境目标的核心

在国家统计局《中国全面建设小康社会进程统计监测报告（2011）》评价体系中，虽然监测报告资源环境的达标程度为 78.2%，但资源环境的三项指标中，单位 GDP 能耗、耕地面积指数和环境质量指数未全面反映环境质量与生态状况，同时更无法全面体现公众对环境质量的期待，指标体系存在以偏概全的情况，若综合考虑空气、水、土壤等环境质量，环境目标的“短板效应”会更加明显。

在党的十八大提出的目标中，包含主要污染物排放总量显著减少、人居环境明显改善、生态系统稳定性增强等与环保直接相关的目标。提升环境质量是全面小康社会的环境目标的核心，一方面，持续的收入增长将带来社会需求层次不断提高，百姓在解决温饱问题之后，对“天蓝、水清、地干净”的安全、宜居的环境质量需求正迅速增长，成为与经济发展、生活成本同等重要的基本需求，环境问题已经成为社会关注前三位的热点和焦点问题，安全健康的环境需求已经成为老百姓丰衣足食之后的“刚需”；另一方面，由环境问题引发公众群体性事件、社会舆论事件不断增多，使得环境问题已经成为影响社会平稳转型的一项突出矛盾。因此，全面小康社会环境目标的核心是环境质量目标。

2.3 我国环境质量改善进展与主要问题

2.3.1 环境质量改善进展

2.3.1.1 大江大河水质得到改善

从长时间尺度来看，我国地表水污染总体上呈先加重后减轻的趋势。1984 年以来，Ⅰ～Ⅲ类国控水质断面比例由 45.6%提高到 61.6%，劣Ⅴ类国控水质断面比例由 15.8%降低到 10.9%（注：水质断面设置在 30 年间进行过调整），具体水质变化情况见图 2-2。

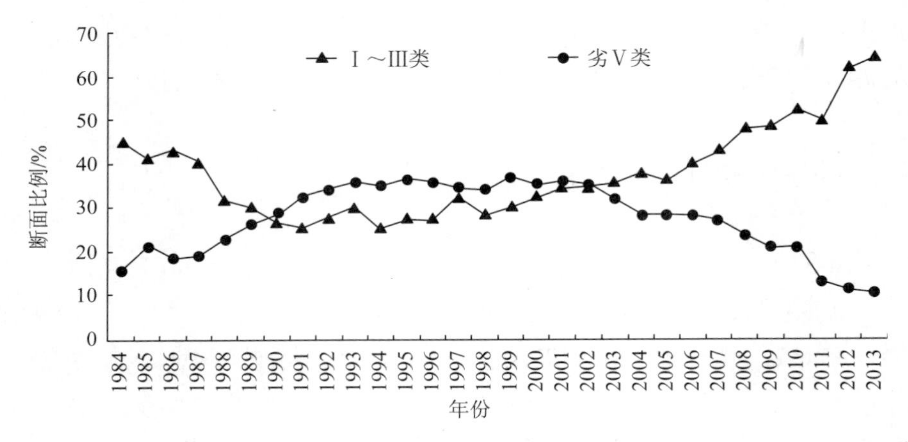

图 2-2　地表水国控断面水质 30 年变化趋势

近 10 年来，我国七大水系水质有所好转。I ～III类国控水质断面比例总体均呈上升趋势，劣V类水质断面比例总体均呈下降趋势。黄河水系水质改善最为明显，I ～III类比例提高 52.2 个百分点，劣V类水质断面比例降低 29.6 个百分点。淮河、长江、辽河、松花江和海河水系水质改善较为明显，I ～III类比例提高了 15.5～28.6 个百分点，劣V类水质断面比例降低了 4.7～32.3 个百分点。珠江水系 I ～III类比例提高了 15.5 个百分点，劣V类水质断面比例降低了 3.1 个百分点，自 2003 年开始水质保持良好。具体水质变化情况见图 2-3。

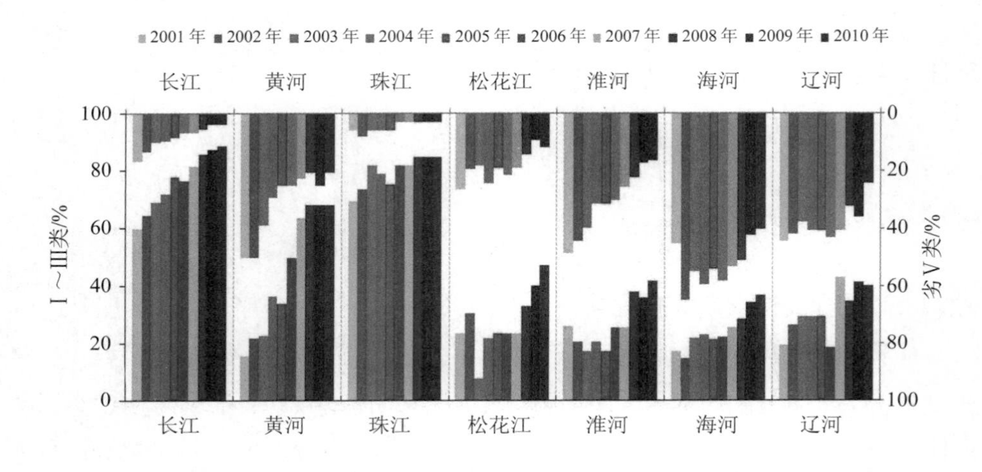

图 2-3　七大水系地表水国控断面水质 10 年变化趋势

2013 年，全国地表水总体水质为轻度污染。全国 972 个地表水国控断面中Ⅰ～Ⅲ类水质断面占 64.5%，劣Ⅴ类占 8.8%，已达到《国家环境保护“十二五”规划》（以下简称《规划》）的目标要求（小于 15%）。七大水系 577 个国控断面中好于Ⅲ类断面的有 385 个，其比例为 66.72%，已达到《规划》目标要求（小于 60%）。具体情况见图 2-4。

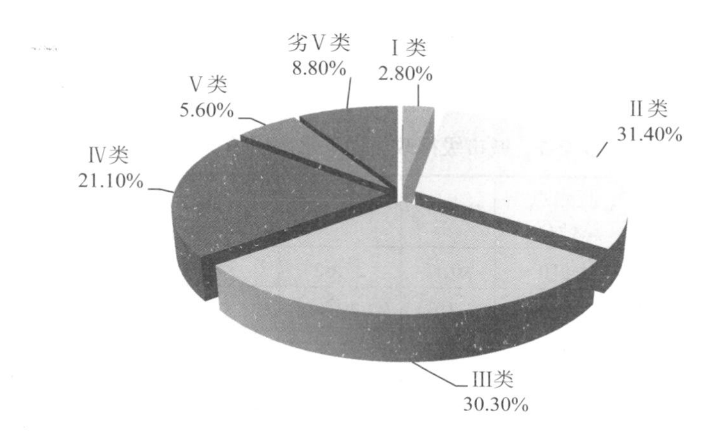

图 2-4　2013 年全国地表水国控断面水质情况

自 2001 年以来，我国近岸海域海水水质总体趋好。2013 年，全国近岸海域总体为轻度污染，一、二类海水点位比例为 66.4%，比 2010 年上升 3.7 个百分点。2013 年劣四类海水比例为 18.6%，2010 年劣四类海水比例为 18.5%（图 2-5）。

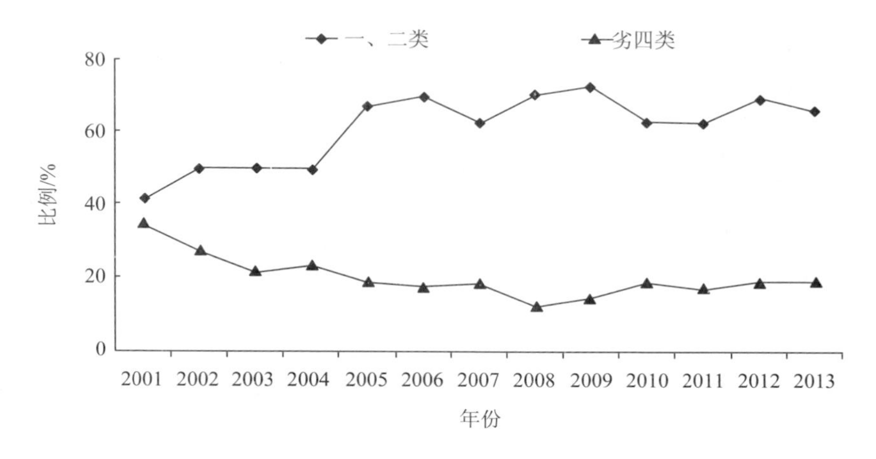

图 2-5　近岸海域海水水质变化趋势

我国地下水环境质量基本保持稳定。2013 年，全国 4 778 个地下水环境质量监测点（其中国家级监测点 800 个）中，水质优良的监测点比例为 10.4%，良好的监测点比例为 26.9%，较好的监测点比例为 3.1%，较差的监测点比例为 43.9%，极差的监测点比例为 15.7%。与上年相比，有连续监测数据的地下水水质监测点总数为 4 196 个，分布在 185 个城市，水质综合变化以稳定为主。其中，水质变好的监测点比例为 15.4%，稳定的监测点比例为 66.6%，变差的监测点比例为 18.0%。具体变化情况见表 2-1。

表 2-1　城市级行政区地下水水质情况

年份	地市级行政区数量/个	监测点总数/个	优良/%	良好/%	较好/%	较差/%	极差/%
2010	182	4 110	10.17	27.62	5.01	40.44	16.7
2011	200	4 727	11.0	29.3	4.7	40.3	14.7
2012	198	4 929	11.8	27.3	3.6	40.6	16.8
2013	203	4 778	10.4	26.9	3.1	43.9	15.7

2.3.1.2　大气环境质量老三项污染物浓度得到控制

我国大气部分环境质量指标（SO_2、NO_2、PM_{10}）改善较为明显。全国 SO_2 污染程度明显减轻，污染严重的区域明显减少，且由连片分布变为零星点状分布，具体情况见图 2-6 和图 2-7。NO_2 污染程度基本保持稳定，各地级以上城市 NO_2 年均质量浓度均未超过二级标准，具体情况见图 2-8。2005 年以来，全国 PM_{10} 污染程度明显减轻，污染严重区域明显减小，具体情况见图 2-9。

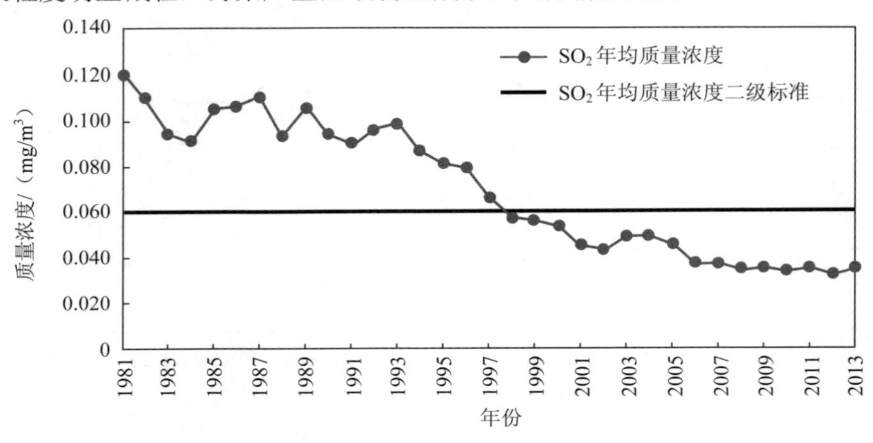

图 2-6　全国大气环境 SO_2 指标质量浓度变化趋势

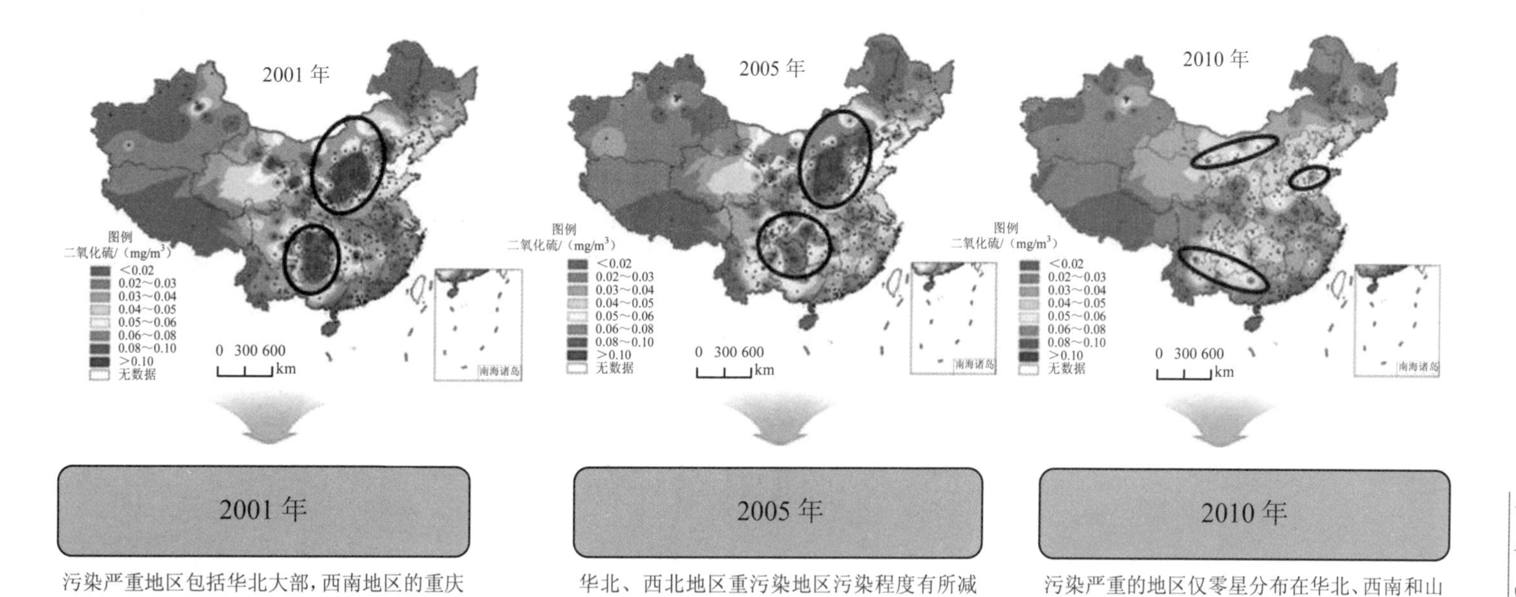

污染严重地区包括华北大部，西南地区的重庆大部、贵州大部和四川东部，西北地区的甘肃中部、陕西东部

华北、西北地区重污染地区污染程度有所减轻，但污染依然严重；西南地区污染范围有所扩大

污染严重的地区仅零星分布在华北、西南和山东的部分城市，但均达到三级标准

图 2-7　全国大气环境 SO_2 指标质量空间变化趋势

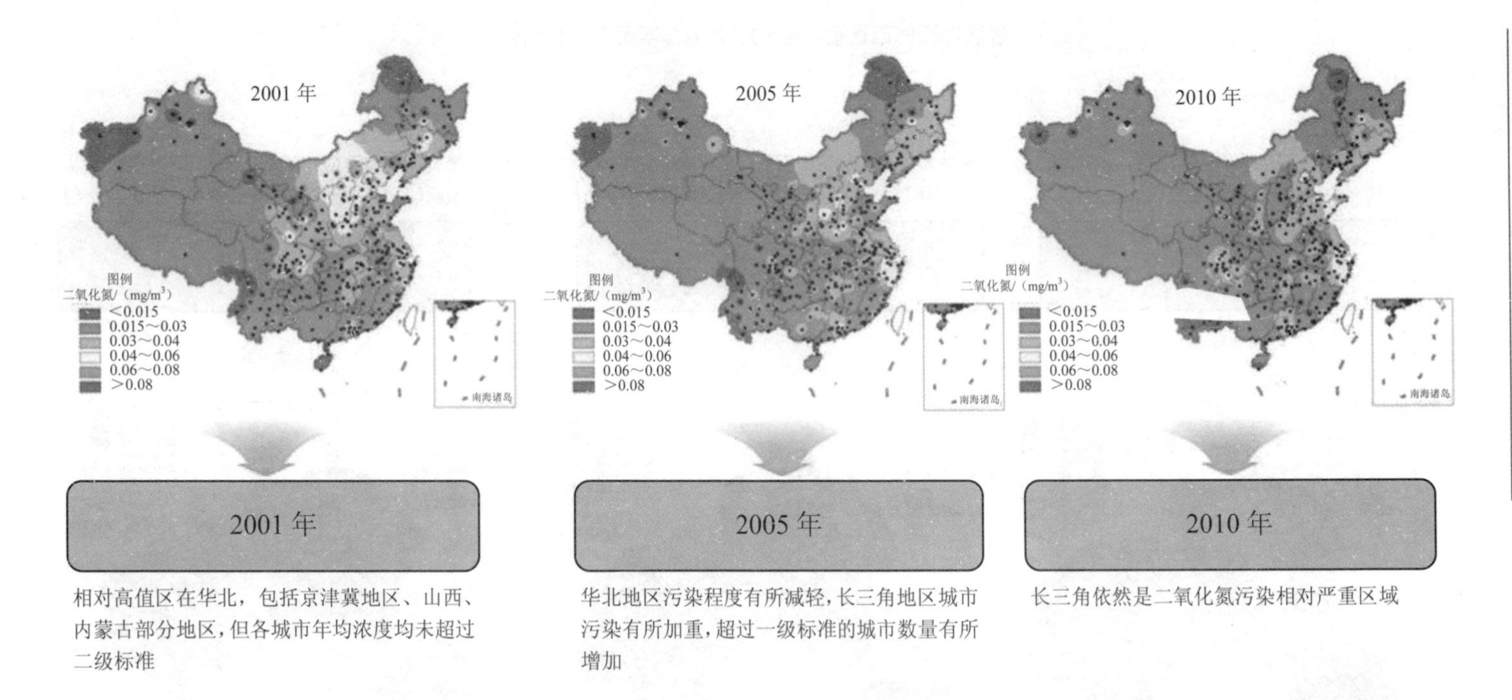

图 2-8 全国大气环境 NO_2 指标质量空间变化趋势

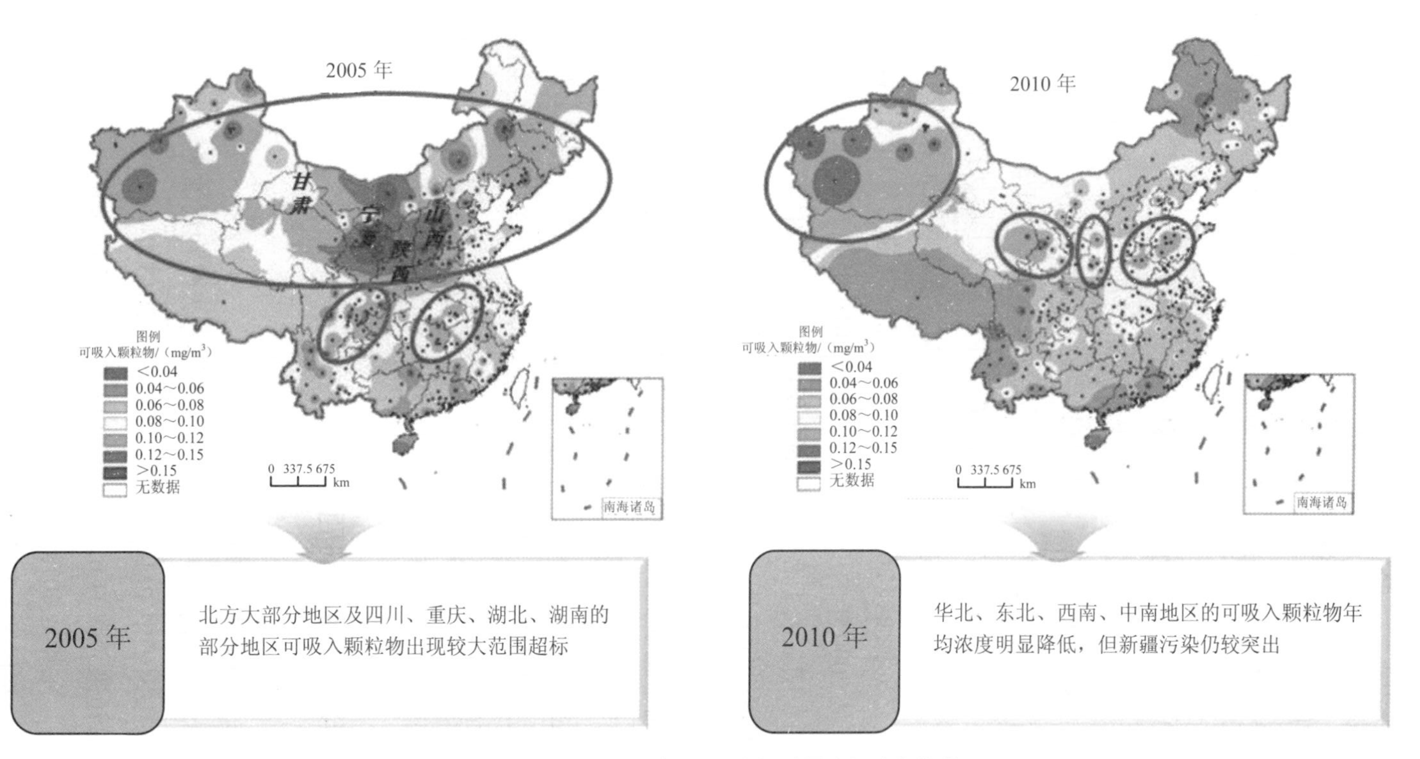

图 2-9　全国大气环境 PM_{10} 指标质量空间变化趋势

2001—2013 年，我国酸雨区域主要分布在长江沿线及以南—青藏高原以东地域，全国酸雨区面积占国土面积的比例范围为 10.6%～15.6%，总体呈下降趋势，重酸雨区面积比例基本保持稳定。2013 年，全国 473 个城市降水 pH 年均值为 5.21。酸雨区占国土面积的比例为 9.0%，其中较重酸雨区面积占国土面积的 3.4%。

2.3.1.3 部分生态服务功能有所改善

我国生态环境质量在过去的十几年间略微有所改善，生态系统部分服务功能有所改善。2000—2010 年，我国森林生态系统质量变好，草地生态系统质量总体略有提高，20 个国家级自然保护区生态环境质量趋于改善，11 个国家重点生态功能区生态环境质量有变好趋势。我国生态系统土壤保持能力持续增强，土壤保持功能有所提高，土壤保持总量有所增加，生态系统土壤保持总量从 2000 年的 2 495.04 亿 t 增加到 2010 年的 2 509.07 亿 t；生态系统防风固沙总量呈现整体增加趋势，从 2000 年的 171.5 亿 t 增加到 2010 年的 182.5 亿 t，防风固沙功能改善区域的面积明显大于恶化区域的面积，防风固沙功能总体呈现增强趋势；生态系统水源涵养功能有所增强，水文调节功能略有上升，水文调节总量从 2000 年的 $351.24\times10^{10}m^3$ 增加到 2010 年的 $352.91\times10^{10}m^3$；生态系统洪水调蓄功能明显提高，洪水调蓄总量从 2000 年的 5 331.10 亿 m^3 增加到 2010 年的 6 007.69 亿 m^3。

2012 年，全国生态环境质量总体稳定，2 461 个县域中生态环境质量优良以上的比例达到 60.99%，生态环境质量“优”和“良”的县域主要分布在秦岭淮河以南及东北的大小兴安岭和长白山地区。截至 2013 年年底，全国共建立各种类型、不同级别的自然保护区 2 697 个，总面积约 14 631 万 hm^2，其中陆域面积 14 175 万 hm^2，占全国陆地面积的 14.77%。

2.3.2 环境质量主要问题

2.3.2.1 大气环境质量问题突出

大气环境质量问题突出，灰霾现象和雾霾天气在局部地区频繁出现且日趋严重，大气污染因子中 $PM_{2.5}$ 和 O_3 污染凸显。2013 年以 $PM_{2.5}$ 为首要污染物的污染天数占总污染天数的 63.3%；其次以 O_3 为首要污染物的污染天数占总污染天数的 20.2%，尤其是 2013 年 1 月，我国中东部地区经历了连续多次的大气重污染过程，多次形成覆盖整个中东部地区、污染程度空前严重的重大污染事件，对城市环境空气质量、大气能见度、居民身体健康等造成巨大影响。

我国的城镇大气环境煤烟型污染尚未根本解决，大气传统污染因子 SO_2、PM_{10}污染仍维持在较高水平，为欧美等发达国家的2～4倍，而伴随城镇化以及机动车、石化等行业的快速发展，NO_x、VOCs及NH_3等污染物排放量急剧增加，氮氧化物排放总量超过二氧化硫，改变了大气化学性质与结构的稳定性，加速一次污染物向二次污染物转化的进程。以细颗粒物、臭氧为特征的复合型污染物日益严重。

2.3.2.2 水生态环境污染和破坏态势仍很严重

地表水污染严重水域仍然大量存在。2013年，仍有1/10的地表水国控断面水质属劣Ⅴ类；辽河吉林段、海河、巢湖、滇池污染仍然严重；90%以上的城市内河受到不同程度的污染，黑臭现象突出，大部分城市内河处于严重污染、重度富营养化的状态。突发性及跨界水污染事故时有发生。地下水质量状况不容乐观，全国区域尺度上37%的地下水水质仍属于Ⅳ～Ⅴ类水质标准。湖泊水库富营养化现象突出，62个重点湖泊水库中度污染和重度污染的国控重点湖泊（水库）比例为13.1%，27.8%出现不同程度的富营养化现象。我国1/10左右的地级市饮用水水源水质不达标，1/4农村人口的饮用水水源水质不达标（或水质情况不明），饮用水水源水质堪忧，地表水水源主要超标指标为总氮、粪大肠菌群、总磷、氨氮、锰、铁、溶解氧、五日生化需氧量、高锰酸盐指数、石油类、氟化物、硫酸盐、钼、硝酸盐，《地表水环境质量标准》（GB 3838—2002）后80项2012年度均有检出，且部分指标检测频次较高。地下水水源主要超标指标有锰、铁、总硬度、氨氮、硫酸盐、氟化物、高锰酸盐指数、pH值、溶解性总固体、粪大肠菌群、硝酸盐、细菌总数、总α放射性。

水生态受到严重破坏，居高不下的用水总量和水资源的过度开发严重挤占生态流量，加剧了水环境与水生态问题，进一步恶化了水安全形势。生态环境用水被严重挤占。我国主要河流多年平均挤占生态环境用水约132亿m^3，海河、黄河、辽河、西北诸河的经济社会用水挤占河道内生态环境用水量一般占生态环境需水量的20%～40%，导致这些河流和相关地区生态环境的严重退化。水生态空间被严重压缩。湿地、海岸带、湖滨、河滨等生物生存空间不断减少。第二次全国湿地资源调查已经完成调查的21个省统计数据显示，近10年来湿地面积共减少2.9%，湿地功能持续下降。近岸海域过度开发导致生态环境恶化。陆源污染物排放和沿海排污对近岸海域生态环境造成较大影响，长江口、珠江口及渤海湾、杭州湾等海湾水质均为极差。水工程开发统筹考虑不足带来负面生态影响。我国水资源开发利用强度持续加大，水资源调控能力大大加强，但涉水工程建设也给水生态环境造成巨大影响。

2.3.2.3 生态环境质量总体仍处于较低水平

生态环境质量不高，生态环境系统生态服务功能仍处于较低水平。我国水土流失、土地沙化、石漠化等土地退化问题整体形势依然十分严峻，2010 年，全国水土流失（水蚀）总面积为 225.20 万 km^2，约占国土面积的 23.46%。全国总沙化面积为 182.35 万 km^2，占全国总面积的 18.9%，西南喀斯特地区 8 省市重度石漠化面积为 7.5 万 km^2，占研究区总面积的 1.34%。生态系统退化形势依然严峻，2010 年，我国共有 201.65 万 km^2 的森林灌丛处于不同程度的退化状态，占森林灌丛总面积的 83.31%；253.23 万 km^2 的草地呈现不同程度的退化，占草地总面积的 91.18%，在我国传统的牧业区新疆南北疆绿洲边缘区以及内蒙古中西部地区，草地退化较为严重，对我国牧业发展造成严重威胁。黑龙江、内蒙古以及长江下游的江苏、安徽等省区湿地退化明显，我国主要湿地分布区东北平原，10 年间共有 2 765.8 km^2 的湿地被开垦为农田，严重影响区域生态安全。

农田生态系统空间分布趋于不合理，对我国粮食安全造成威胁。东部自然条件优越地区，包括北京、天津、山东、江苏、安徽、浙江、福建和广东等地，耕地面积大量减少；而西部干旱半干旱缺水区，包括新疆、甘肃以及内蒙古部分地区，新增了大量耕地。西北干旱区水分条件差，耕地大量开垦，很难持续稳定，且耕地开垦导致原生草原与灌丛大量减少，造成了严重的生态破坏。2000—2010 年，我国自然生境总面积减少，6 类自然生境中灌丛、草甸、草原和沼泽 4 类生境面积均有不同程度下降，野生动植物栖息地面积减少 3.2%，生物多样性保护功能有所下降。

2.3.2.4 全国土壤环境状况总体不容乐观

根据《全国土壤污染状况调查公报》显示，全国土壤环境状况总体不容乐观，部分地区土壤污染较重，耕地土壤环境质量堪忧，工矿业废弃地土壤环境问题突出，产业发展对土壤污染的累积影响逐步显现，被污染地块开发利用的环境问题突出，对农产品质量和人体健康构成威胁。全国土壤总的点位超标率为 16.1%，其中轻微、轻度、中度和重度污染点位比例分别为 11.2%、2.3%、1.5%和 1.1%。从土地利用类型看，耕地、林地、草地土壤点位超标率分别为 19.4%、10.0%、10.4%。从污染类型看，以无机型为主，有机型次之，复合型污染比重较小，无机污染物超标点位数占全部超标点位的 82.8%。从污染物超标情况看，镉、汞、砷、铜、铅、铬、锌、镍 8 种无机污染物点位超标率分别为 7.0%、1.6%、2.7%、2.1%、1.5%、1.1%、0.9%、4.8%；六六六、滴滴涕、多环芳烃 3 类有机污染物点位超标率分别为 0.5%、1.9%、1.4%。

2.3.3　“十三五”期间环境质量大幅改善的制约因素

2.3.3.1　主要污染物排放总量大，短期内大幅削减难

二氧化硫、氮氧化物、化学需氧量、氨氮为“十二五”时期进行排放量总量控制的主要污染物，经过长期努力，污染物排放总量逐年下降，但仍大大超出环境容量，达到污染物大幅减少的要求难度很大。

根据 2010—2013 年污染物排放强度，综合考虑产业转型升级、技术进步、治污减排力度等有利因素，研判污染物排放强度下降趋势，预测出 2014—2020 年污染物排放强度。根据测算的国内生产总值和污染物排放强度数据，计算出 2020 年我国二氧化硫、氮氧化物、化学需氧量、氨氮排放量。对比不同国家在不同时期的大气污染物单位 GDP 排放强度得知，我国单位 GDP 的主要污染物排放强度高于其他国家同期（表 2-2）。

表 2-2　各国家不同时期大气污染物单位 GDP 排放强度　　单位：t/万现价美元

国家	年份	单位 GDP 排放强度	
		SO_2	NO_x
中国	2010	5.65	5.66
	2013	4.02	4.38
	2020	2.34	2.26
美国	1983	3.50	3.82
日本	1986	0.40	0.66
德国	1990	2.99	1.63
法国	1990	1.02	1.46

据研究，在满足城市 $PM_{2.5}$ 达标下的大气二氧化硫和氮氧化物的环境容量分别为 1 363 万 t 和 1 258 万 t[①]，综合 2020 年污染物排放预测，则满足经济发展水平的二氧化硫和氮氧化物排放量比城市 $PM_{2.5}$ 达标下的大气环境容量分别多 0.39 倍和 0.45 倍，而化学需氧量、二氧化硫排放总量在“十一五”期间下降了 12.45%、14.29%，2013 年化学需氧量、氨氮、二氧化硫、氮氧化物分别比 2010 年下降了 7.80%、7.07%、9.87%、2%，8 年间（2006—2013 年）总计下降不足 20%，若要在 2020 年削减至达到满足环境容量达标的污染物排放量要求，难度极大，主要污染物排放量大幅度超环境容量的客观现实将长时期存在。2010—2020 年国内生产总值和污染物排放总量测算见表 2-3。

表 2-3　2010—2020 年国内生产总值和污染物排放总量测算　　单位：万 t

年份	国内生产总值	二氧化硫排放总量	氮氧化物排放总量	化学需氧量排放总量	氨氮排放总量
2010	401 513	2 267.8	2 273.6	2 551.7	264.4
2011	438 853	2 217.9	2 404.3	2 499.9	260.4
2012	472 436	2 117.6	2 337.8	2 423.7	253.6
2013	508 814	2 043.9	2 227.3	2 352.7	245.7
2015（规划）	586 358	2 086.4	2 046.2	2 347.6	238.0
2020（预测）	808 648	1 896	1 826	2 116	210

2.3.3.2　环境质量总体不容乐观，全面改善难度大

环境质量状况是全面小康社会环境目标制定的基础，水、大气、土壤作为近期环境质量改善的重点，全面改善存在难度。

（1）水环境质量。2013 年，全国水环境质量总体为轻度污染，十大流域总体为轻度污染。

☞ 全国地表水劣Ⅴ类断面比例：全国地表水国控断面共 972 个，2013 年劣Ⅴ类断面为 100 个，地表水国控断面劣Ⅴ类水质的比例 10.29%；2015 年年底，七大水系国控断面水质好于Ⅲ类的比例达到 69%。

---

① 薛文博、付飞、王金南等：《基于全国城市 $PM_{2.5}$ 达标约束的大气环境容量模拟》，载《中国环境科学》2014 年第 10 期。

☞ 七大水系好于Ⅲ类断面比例：七大水系国控断面577个，好于Ⅲ类断面385个，其比例为66.72%。根据2003年以来地表水国控断面水质变化趋势，2015年年底，地表水国控断面劣Ⅴ类水质的比例降至9%左右。

☞ 地级以上城市集中式饮用水水源水质达到或优于Ⅲ类比例：2013年，328个地级及以上城市912个饮用水水源地中，有824个水源地水质全部达标，占水源地总数的90.4%。其中在565个地表水水源地中，524个水源地水质达标，占92.7%。

据《中国环境质量报告》，截至2013年年底，近岸海域水质一类、二类海水点位比例为66.4%，三类、四类比例为15%，劣四类为18.6%。

（2）空气质量。

☞ 全国地级以上城市达标比例：根据《环境空气质量标准》（GB 3095—2012）对SO_2、NO_2、CO、O_3、PM_{10}和$PM_{2.5}$六项污染物进行评价，2014年161个城市中舟山、深圳、惠州、海口、昆明、拉萨、泉州、湛江、汕尾、云浮、三亚、曲靖、玉溪13个城市空气质量达标，占8.1%；148个城市超标，占91.9%。应注意，由于大气污染叠加全球气候变化，大气污染将日益加重，呈现出频率增高、持续时间增加、影响范围不断扩大等特点，污染物排放总量持续下降但重污染天气短期内不会明显减少是常态化情景，会直接影响“十三五”期间环境空气质量改善进程。

☞ 污染物平均浓度现状值：2014年，161个实施环境空气质量新标准的城市$PM_{2.5}$质量浓度在19～130 μg/m³，平均为62 μg/m³。PM_{10}年均质量浓度范围为35～233 μg/m³，平均为105 μg/m³。SO_2年均质量浓度范围为2～12 μg/m³，平均为35 μg/m³，NO_2年均质量浓度范围为14～67 μg/m³，平均为38 μg/m³。

☞ 空气达标天数比例现状值：2014年，161个城市达标天数比例范围为21.9%～98.3%，平均达标天数比例为66.0%。平均超标天数比例为34.0%，其中轻度污染占21.7%，中度污染占6.7%，重度污染占4.4%，严重污染占1.2%（图2-10）。海口、玉溪、拉萨等42个城市的达标天数比例在80%～100%之间，衢州、克拉玛依、韶关等87个城市达标天数比例在50%～80%之间，保定、衡水、邢台等32个城市达标天数比例不足50%。

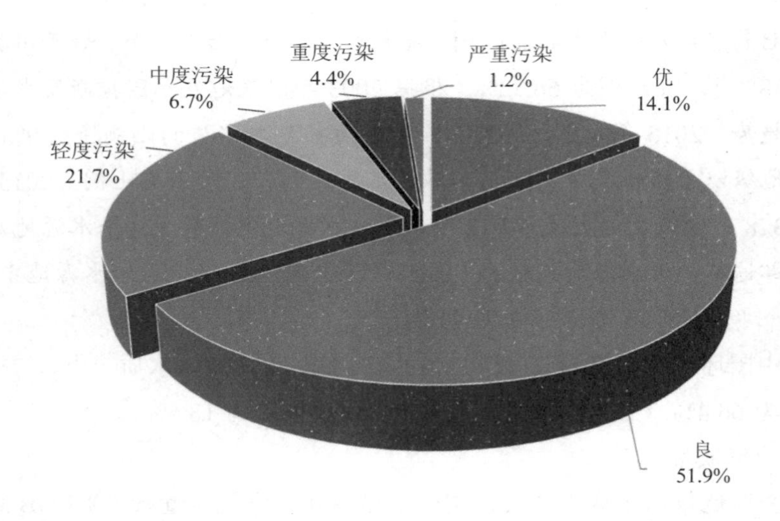

图 2-10　2014 年 161 个城市空气质量指数级别比例

（3）土壤环境质量。2014 年环境保护部和国土资源部发布的《全国土壤污染状况调查公报》显示，全国土壤总的超标率为 16.1%，其中中度和重度污染点位比例 2.7%，重金属等无机污染物超标点位数占全部超标点位的 82.8%，长江三角洲、珠江三角洲、东北老工业基地等部分区域土壤污染问题较为突出，西南、中南地区土壤重金属超标范围较大。

此外，我国不同区域的环境质量差异性明显，长三角、珠三角、京津冀等地区城市大气灰霾和光化学烟雾污染日渐突出，部分海湾河口生态破坏严重，赤潮、绿潮等生态灾害频发，溢油等重大海洋污染事故时有发生。东、中、西、东北四大板块的区域环境承载力也存在差异①，经济欠发达的西部地区资源环境承载力最高但政府提供污水、垃圾等处理能力水平低，而经济水平高的东部地区资源环境承载力、生态保护最低但政府提供环境服务能力高。

2.3.3.3　环境保护投资和基础设施投资的缺口将长期存在

公共服务领域的支出是衡量政府提供公共服务能力的重要指标之一。从“七五”以来我国环境保护投资总量及同期 GDP 占比总体呈上升趋势，但环保投资在财政支出占比仍处低位，环保投资与需求仍存在较大缺口（图 2-11）。

① 北京师范大学科学发展观与经济可持续发展研究基地等：《2013 中国绿色发展指数报告》，北京：北京师范大学出版社，2013 年版。

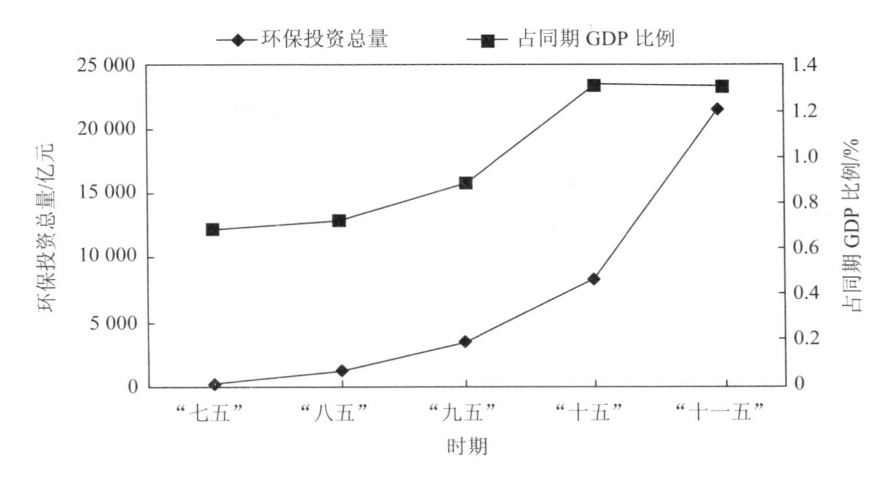

图 2-11　我国环保投资变化趋势

在经济发展新常态和财税体制改革的双重压力下，环保投资在治理污染方面从“捉襟见肘”至“举步维艰”。一方面国家和地方政府财政收入增速下降，刚性资金需求增速快，中央财政缩减专项转移支付，提高一般性转移支付，将会使环保投资稳定的来源渠道进一步丧失，基层政府环保支出和环保部门经费将受到较大的冲击①。另一方面财税体制等改革短期内对基层环保能力、重点问题的专项治理影响大，部分环境保护费改税将使接近 30%的政府环保投资、40%左右的基层政府环保支出和部门经费、70%以上的能力建设资金受到影响；此外，企业治污的前期投入、运行资金保障等受到经济下行和财税体制改革的影响，政府、企业的环保投入面临压力。

在环境治理基础设施方面，“十一五”以来，我国重点实施了环境保护十大工程，有力推动了各项污染治理设施的大规模建设，与污染减排紧密关联的污水处理厂建设和火电脱硫工程建设超过预期，但仍然不能满足污染治理需要。以污水处理、生活垃圾和农村环境基本公共服务区域差异较大，东部经济发达地区环境基本公共服务水平相对较高，中、西部欠发达地区水平较低。环境治理基础设施城乡差异明显，2013 年城镇生活污水处理率为 80%，而据有关统计，农村地区污水处理率只有 5%左右②。

---

① 吴舜泽、逯元堂、朱建华等：《尽快构建完善的环保投融资政策体系，化解财税改革产生的环保投资和经费保障“阵痛”》，载《重要环境决策参考》2014 年第 10 卷第 2 期，第 1～5 页。

② 李红祥：《如何推行环境公共服务均等化》，2012 年 3 月 27 日《中国环境报》。

2.4 我国与发达国家同等经济水平时环境状况比较

2.4.1 我国2020年经济情景预测及国际历史同期对标年份

2015年我国人均GDP约合8 016美元，相当于美、法、日等国家20世纪70年代中后期水平。根据我国新常态下经济运行态势，预计2020年我国人均GDP将达到1.2万美元左右，第二产业占比将达到41%左右，城镇化率将达到60%左右。以人均GDP为经济发展水平衡量指标，综合考虑现价美元、汇率等因素，美国、日本和欧盟分别在1979年、1985年和1986年达到同等经济水平（表2-4）。

表2-4 以人均GDP为指标确定的与我国2020年经济情景基本类似的典型国家（地区）及对应年份

国家	人均GDP（现价美元）	对应年份
中国	11 902	2020
美国	11 695	1979
英国	12 906	1987
法国	11 200	1979
德国	12 092	1980
欧盟	11 066	1986
波兰	11 252	2007
日本	11 465	1985
韩国	12 403	1995

数据来源：世界银行数据：http：//data.worldbank.org.cn，笔者整理。

总体上看，我国“十三五”时期大致相当于美国1976—1980年、日本1978—1985年、欧盟1979—1986年的发展阶段，我国人均GDP发展水平滞后于欧美发达国家35～40年。

2.4.2　经济社会状况国际对比

2.4.2.1　工业化进程

基于传统钱纳里工业化阶段理论，结合人均 GDP、产业结构、工业结构、就业结构等相关数据判断，总体而言，我国目前已经进入工业化后期阶段，2020 年将基本实现工业化。

我国工业化进程约相当于美国 20 世纪 60 年代。美国在 40 年代左右处于工业化中期水平，50 年代工业化率达到 40%左右（相当于我国 2010 年），开始步入工业化后期，60 年代进入“环境十年”，开展大规模环境治理，发展方式由传统的资本积累、资源消耗逐步转向技术、效率驱动，加快重工业转出及对外投资，环境质量持续改善。日本在 70 年代进入工业化后期后，通过“雁阵”模式进行产业梯度转移，将大量劳动密集型产业转移到我国及东盟诸国。

我国“十三五”时期工业化发展特征与美国、日本等国家具有一定相似性。一是技术进步对经济增长的贡献逐步上升。美国 20 世纪 60 年代、日本 20 世纪 70 年代全要素生产率对经济贡献率分别达到 78%、54%，预计我国“十三五”时期全要素生产率对经济增长贡献将提升至 50%。二是实施工业外向转移战略，通过实施“一带一路”、亚投行等发展战略，推动外向转移，进一步优化产业结构。

2.4.2.2　经济发展

随着经济进入新常态，我国 GDP 增速从 2000—2010 年间年均 10.5%的高速增长下降至 6.5%～7%的中高速增长。美国、德国、日本等发达国家在 1974 年石油危机后 GDP 增速一般介于 2%～5%。

从经济增量看，我国“十三五”时期 GDP 年均增量达到近 8 700 亿美元，约相当于美国历史同期的 4 倍、英国的 9 倍（图 2-12）。

总之，我国经济增速高于发达国家历史同期水平，加之经济总量大、技术效率不高，我国“十三五”时期经济增量带来的污染物增量远超过发达国家历史同期。

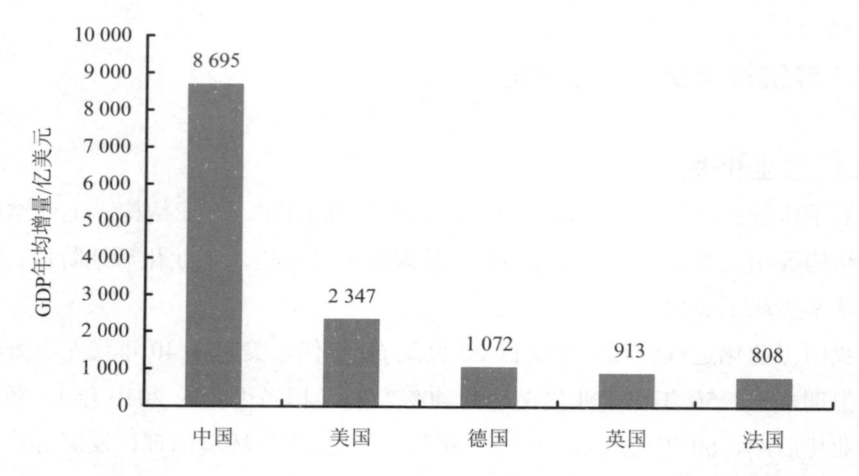

图 2-12　人均 GDP 8 200～12 000 美元时各国 GDP 年均增量

数据来源：世界银行数据：http：//data.worldbank.org.cn，笔者整理。

2.4.2.3　产业结构

我国第二产业占比长期高于发达国家，预计 2020 年我国第二产业比重约为 41%。美国同等经济发展阶段第二产业占比约为 35%，日本约为 38%，我国与发达国家同等发展阶段相比第二产业占比高出 5～10 个百分点（表 2-5）。研究表明，工业能耗与大气污染约是服务业的 4 倍，重工业污染是服务业的 9 倍[①]，我国产业结构带来的污染物压力远大于发达国家历史同期。

表 2-5　人均 GDP1.2 万美元时部分国家经济产业情况

国家	年份	人均 GDP/美元	GDP 增速/%	第一产业占比/%	第二产业占比/%	第三产业占比/%	城镇化率/%
中国	2020	12 000	6	7.1	40.9	52	60
美国	1979	11 695	3.2	3.2	35.3	61.5	74
法国	1979	11 200	3.6	4.7	30.7	64.6	73
日本	1985	11 465	6.3	2.7	38.2	59.1	77

注：中国 2020 年数据为笔者预测。

数据来源：世界银行数据：http：//data.worldbank.org.cn。

① 《“十三五”时期加强污染防治的主要任务》（环办函〔2015〕387 号）。

从第二产业增加值绝对量来看，我国 2020 年第二产业增加值预计可达到 5.7 万亿美元。美国历史同期为 9 212 亿美元，日本历史同期为 5 261 亿美元，我国 2020 年第二产业增加值约相当于美国的 6 倍、日本的 11 倍。

从重工业发展来看，美国、英国、日本、德国等均在向后工业化时期迈进阶段重工业达到峰值，中国在 2008 年重工业占比达到 70%的峰值，时间处于工业化中后期阶段，占比高于其他国家，体现了国家压缩型发展的特征（表 2-6）。

表 2-6　典型国家（地区）重工业比例峰值对比

指标	美国	英国	日本	西德	中国
出现年份	1979	1974	1991	1986	2008
人均 GDP（1990 年国际元）	1 878	11 859	19 355	15 469	6 725
人均 GDP（2000 年不变价美元）	22 840	14 269	34 288	17 171	2 074
重工业比重峰值	61.9%	58.9%	63.4%	68.4%	70%

“十三五”时期我国重工业产品产能峰值将陆续到达，且峰值产能远高于发达国家历史同期。美国钢铁产量在 1955 年达到峰值，峰值时粗钢产量在 1.1 亿 t。如表 2-7 所示，2013 年我国粗钢产量达到 7.8 亿 t，估计 2015 年或 2018 年达到 8.7 亿 t（低限情景）、10.7 亿 t（正常情景）峰值，峰值钢铁产量为美国当年的 8～10 倍。除此之外，我国生铁、水泥、平板玻璃等工业产品产量占世界比例均超过 50%，远高于发达国家历史同期。重工业产能规模过大、过剩使我国比发达国家同等发展阶段面临更大的环境压力。

表 2-7　2013 年我国主要工业产品占世界比例

产品	产量	占世界比例	产品	产量	占世界比例
生铁	6.58 亿 t	59%	电解铝	1 988.3 万 t	65%
煤炭	36.6 亿 t	50%	化肥	6 840 万 t	35%
粗钢	7.8 亿 t	46.3%	化纤	7 939 万 t	70%
造船	6 021 万 t	41%	平板玻璃	7.14 亿重量箱	50%
水泥	21.84 亿 t	60%	汽车	1 927.18 万辆	25%

2.4.2.4 城镇化

受人口基数、户籍制度、发展模式等影响，我国工业化进程伴随着半城镇化状态，城镇化进程相对滞后。我国挤压式的工业化与滞后的城镇化进程、高密度的城市人口引发复合型、集中型污染。城市既有传统的汽车、住房排浪式消费，也有个性化、多样化的新消费需求，生活型环境污染问题交织复杂。

预计我国 2020 年城镇化率将达到 60%左右，美国、日本等国家在同等经济水平城镇化率超过 70%，我国城镇化水平低于发达国家历史同期水平。

我国"十三五"时期城镇化率年均增速约 0.9 个百分点，每年约 1 200 万人口进入城市，发达国家历史同期城镇化率基本保持稳定。

我国城市开发强度高，在市区范围内尤其严重。从市区范围内开发强度看，德国斯图加特市区只开发 45%，其他都是森林、农田；东京都市区开发强度是 58%，其他城市一般都只开发了 30%～40%；我国香港地区至今只开发了 25%，保留了 75%的绿色空间；我国其他城市全市域的开发强度已接近于发达国家市区开发强度，市区开发强度远高于全市域①。

我国单位面积的城市土地承载人口数量近 9 000 人/km^2，是发达国家的 10～20 倍，城市地区污染负荷重（表 2-8）。

表 2-8 不同国家城镇化模式对比

指标	集约模式		分散模式		居中模式		中国
	西欧	日本	北美	大洋洲	北欧	南欧	
城镇化率	76%	66%	81%	70%	84%	66%	54.77%
城市土地占国土面积比例	16.6%	28.6%	4.8%	0.6%	9.6%	15.1%	0.89%
每平方千米城市土地面积人口数	788	809	303	477	512	511	8 734

注：发达国家为 2005 年数据；我国城镇化率为 2014 年数据，城市土地占国土面积比例为 2013 年数据。
数据来源：中国土地勘测规划院：《全国城镇土地利用数据汇总成果分析报告》；《国外城镇化：比较研究与经验启示》（国家行政学院出版社）。

美国千人汽车保有量超过 800 辆，而中国不足百辆。近年来中国机动车保持年均 1 100 万辆的快速增长水平，仍然存在一定的刚性增长空间，汽车消费增长

① 吴舜泽、万军、于雷等：《城市环境总体规划编制实施的技术实践和初步考虑》，载《重要环境决策参考》2013 年第 9 卷第 9 期。

带来的环境压力仍将保持上升势头。预期 2020 年，中国的汽车消费需求将达到峰值。但是从分布上看，我国汽车消费者超过 80%集中在城市，而美国基本上是城市占 36%、郊区占 45%[①]。

2.4.3 资源能源与污染物排放国际对比

2.4.3.1 能源消费结构

能源消费是影响大气环境质量的重要因素，可以解释 70%左右的大气污染物排放和环境质量。发达国家以石油和天然气为主，我国能源消费以煤炭为主，煤炭占比过高，“富煤贫油少气”的能源禀赋特点加剧了我国环境压力。

对于 SO_2 排放，燃烧单位标煤的污染物排放量是石油的 3.04 倍、天然气的 145.13 倍；对于 NO_x 排放，燃烧单位标煤的污染物排放量是石油 2.02 倍、天然气的 1.54 倍；对于烟粉尘排放，燃烧单位标煤的污染物排放量是石油的 55.76 倍。

1965—1975 年是发达国家能源结构重要的调整期，煤炭消费占比明显下降，英国、德国、荷兰等国均下降 20 个百分点。从能源消费总量看，我国一次能源消费总量高于发达国家历史同期。预计我国 2020 年一次能源消费总量将控制在 48 亿 t 标煤[②]（折合 34 亿 t 标油），美国 1979 年一次能源消费总量只有 19 亿 t 标油。

从能源消费结构看（表 2-9），乐观预计 2020 年我国煤炭消费占一次能源比例约为 57%，而美国同期仅为 20%，欧盟约为 27%。即使是煤炭占比较高的德国、波兰，其情况也与目前我国煤炭占比约 2/3 的现状有一定差距。

表 2-9 人均 GDP1.2 万美元时部分国家（地区）能源消费结构

国家（地区）	年份	煤炭占比/%	油品占比/%	天然气占比/%
人均 GDP 约 1.2 万美元时				
中国	2020	57.00	19.50	10.00
美国	1979	20.17	44.84	27.72
德国	1980	39.21	41.40	14.52
英国	1987	33.62	36.33	23.53

① 尼尔森：《全球汽车消费者调研报告》，http：//www.askci.com/news/201405/13/1314492244332.shtml。

②《能源发展战略行动计划（2014—2020 年）》。

国家（地区）	年份	煤炭占比/%	油品占比/%	天然气占比/%
欧盟	1986	27.87	36.07	24.72
日本	1985	19.84	55.85	9.27
波兰	2007	60.53	25.26	—
我国三大区域				
京津冀	2012	69.58	14.24	4.17
长三角	2012	57.55	25.98	4.47
珠三角（广东）	2012	45.36	37.21	5.42

数据来源：英国BP石油公司数据，笔者整理。

2013年部分国家（地区）一次能源消耗情况如表2-10所示。

表2-10　2013年部分国家（地区）一次能源消耗情况（以标油计）　单位：10^6t

国家（地区）	一次能源消费总量	煤炭消费量	原油消费量	天然气
美国	2 265.83	455.71	831.03	671.01
北美	2 786.69	488.43	1 024.20	838.62
欧盟	2 925.26	508.71	878.59	958.27
中国	2 852.36	1 925.30	507.38	145.45

数据来源：英国BP石油公司数据，笔者整理。

由于能源结构的差异，我国污染物排放量高于发达国家。经测算，在一次能源消费总量差异不大的情况下，由于能源结构的差异，我国SO_2产生量是美国的3.3倍、北美的2.9倍、欧盟的3倍；NO_x产生量是美国的1.7倍、北美的1.5倍、欧盟的1. 5倍；烟粉尘产生量是美国的4.1倍、北美的3.8倍、欧盟的3.7倍。

对比我国三大区域能源消费结构，珠三角煤炭占比最低，2014年珠三角$PM_{2.5}$年均浓度为42 μg/m^3，在三大区域中环境质量、经济社会发展指标等均与欧美国家差距最小，有望率先实现与发达国家同等经济水平、同等环境质量。京津冀地区煤炭消费占比接近70%，区域大气环境质量改善难度大。

2.4.3.2　煤炭消费强度

我国国土面积与美国面积相差不大，目前煤炭消费强度是美国当年的5倍。我国单位面积煤炭消费强度与发达国家历史同期水平有差异，但差距最大的是区域之间煤炭消费强度。京津冀、长三角地区与德国、英国、波兰等欧洲国家面积相差不大，目前煤炭消费强度是欧洲国家当年的4倍。珠三角的煤炭消费强度较低，但也相当于欧洲国家当年的2倍左右（表2-11）。

表 2-11 部分国家（地区）单位面积煤炭（以标油计）消费强度

国家（地区）	煤炭消费量/ 10^6t	国土面积/ 万 km^2	单位国土面积煤炭消费强度/ （t/km^2）
美国（1979 年）	379	963	39
波兰（2007）	57.9	31	185
英国（1987 年）	69.6	24	285
德国（1980 年）	139.6	36	391
中国（2013 年）	1 925.3	963	200
京津冀（2012 年）	24 069.5	22	1 115
长三角（2012 年）	24 694.6	21	1 171
珠三角（广东，2012 年）	8 276.3	18	460

数据来源：英国 BP 石油公司数据、《2013 年中国统计年鉴》，笔者整理。

2.4.3.3 大气污染物排放量

从污染物排放总量看，我国经过多年大规模治污减排，SO_2 与 NO_x 排放总量明显下降，SO_2 与 NO_x 排放总量与欧盟历史同期总排放量相差不大。2014 年全国 161 个实施新标准城市 SO_2 年均质量浓度为 35 $\mu g/m^3$，NO_2 年均质量浓度为 38 $\mu g/m^3$，均达到空气质量二级标准。京津冀、长三角、珠三角三大区域面积与英国、波兰相差不大，排放总量也与英国、波兰历史同期较为接近甚至更低。

但我国颗粒物排放总量明显高于欧美国家历史同期，约为美国的 1.4 倍、欧盟的 1.7 倍。三大区域中，京津冀地区颗粒物排放总量最高，约相当于英国、波兰等国家的 3 倍（表 2-12）。

表 2-12 部分国家（地区）主要大气污染物排放总量

国家（地区）	国土面积/ 万 km^2	SO_2 排放总量/ 万 t	NO_x 排放总量/ 万 t	颗粒物排放总量/ 万 t
美国（1979 年）	963	—	—	900（约）（TSP）
欧盟（1990 年）	432.3	2 521	1 723	735（TSP）
中国（2013 年）	963	2 044	2 227	1 278（烟粉尘）
英国（1987 年）	24	384	279	43（TSP）
波兰（2007 年）	31	123	86	46（TSP）
京津冀（2012 年）	22	159	213	146
长三角（2012 年）	21	175	247	90
珠三角（广东 2012 年）	18	76	120	35

数据来源：OECD 统计署网站（http：//stats.oecd.org）、《中国 2013 年环境统计数据》，笔者整理。

2.4.3.4 大气污染物排放强度

由于颗粒物监测各国起步较晚、标准不统一，本书仅将我国的烟粉尘排放强度与美国、德国 TSP 排放强度相比较。结果表明，我国 2013 年的烟粉尘排放强度与美国、欧盟、英国、波兰的历史同期相比差别不大，珠三角排放强度略高于英国。考虑到 2020 年烟粉尘排放经持续治理会减少，因此全国总体水平与其他国家相差不大；但从区域分布来看，京津冀是美国的 6.7 倍、欧盟的 3.7 倍，长三角是美国的 4.6 倍、欧盟的 2.5 倍（表 2-13）。

表 2-13 部分国家（地区）主要大气污染物排放强度

国家（地区）	单位国土面积 SO_2 排放强度/（t/km^2）	单位国土面积 NO_x 排放强度/（t/km^2）	单位国土面积颗粒物排放强度/（t/km^2）
美国（1979 年）	—	—	0.94
欧盟（1990 年）	5.76	3.93	1.7
中国（2013 年）	2.13	2.32	1.33
英国（1987 年）	15.77	11.45	1.8
波兰（2007）	3.93	2.75	1.48
京津冀（2012 年）	7.36	9.87	6.24
长三角（2012 年）	8.30	11.72	4.29
珠三角（广东，2012 年）	4.23	6.69	1.97

数据来源：美国 EPA 网站，1979—1988 年美国 *National Air Quality, Monitoring and Emissions Trends Report*，欧洲 EMEP 项目报告，OECD 统计署网站（http：//stats.oecd.org），《中国 2013 年环境统计数据》，笔者整理。

2.4.4 环境质量国际对比

2.4.4.1 大气环境质量

（1）现状情景对比。初步推算，当前我国空气 PM_{10}、SO_2、NO_2 浓度相当于美国、德国历史同期两倍多。

发达国家对 PM_{10} 的统计一般从 1990 年开始，对 $PM_{2.5}$ 的统计一般从 2000 年开始，1990 年之前部分国家统计 TSP。与我国 2014 年经济水平相当的历史同期，美国 1975 年 TSP 质量浓度为 60 $\mu g/m^3$。

国内外研究结果表明，PM_{10}/TSP 的质量比值为 60%～80%。我国 2014 年 PM_{10} 质量浓度为 105 $\mu g/m^3$，取系数 70%，折算成 TSP 质量浓度为 150 $\mu g/m^3$，

为美国的 2.5 倍（表 2-14）。

表 2-14　我国现状与发达国家同等经济水平时大气质量对比

国家/地区	SO_2 年均质量浓度/（μg/m³）	NO_2 年均质量浓度/（μg/m³）	TSP 年均质量浓度/（μg/m³）
中国（2014）	35	38	150（根据 PM_{10} 折算）
美国（1975）	25	—	60
日本（1978）	12	18	—
德国北威州（1977）	—	—	108

数据来源：《2014 年全国环境质量状况》（中国环境监测总站）、1976 年美国 *National Air Quality, Monitoring and Emissions Trends Report*、欧洲 EMEP 项目报告，笔者整理。

德国北莱茵-威斯特法伦州以钢铁煤炭产业为主，1977 年 TSP 质量浓度为 108 μg/m³。我国 2014 年京津冀地区 PM_{10} 平均质量浓度为 158 μg/m³，折算成 TSP 质量浓度为 226 μg/m³，是德国北威州的 2.1 倍。

（2）2020 年情景对比。PM_{10} 质量浓度：我国 2020 年人均 GDP 约 1.2 万美元，发达国家同等经济发展水平时，PM_{10} 平均质量浓度多数处在 25～60 μg/m³，平均约为 44 μg/m³，相当于我国环境空气质量一级水平（PM_{10} 为 40 μg/m³）。我国 PM_{10} 平均质量浓度如果从现状（105 μg/m³）到 2020 年达到发达国家当年平均水平，需削减近 60%。

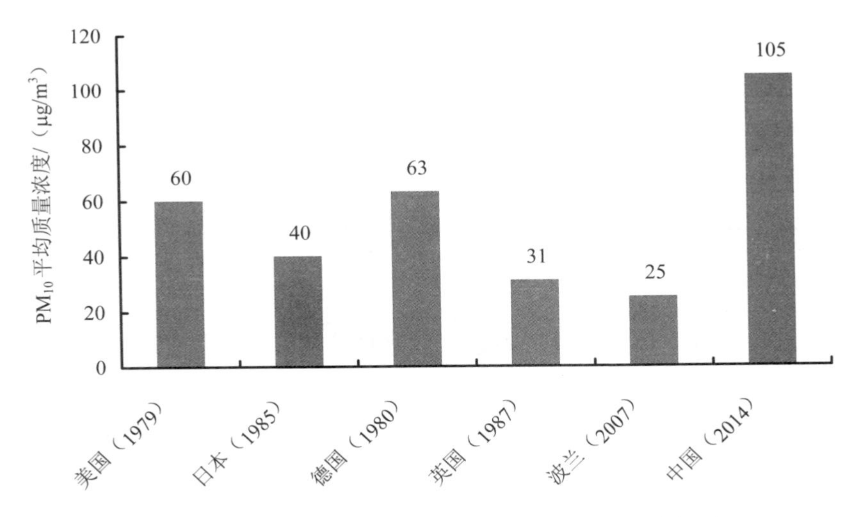

图 2-13　发达国家人均 GDP1.2 万美元时 PM_{10} 质量浓度

数据来源：世界银行数据（http：//data.worldbank.org.cn），笔者整理。

$PM_{2.5}$平均质量浓度：由于各国大部分 2000 年以后开展$PM_{2.5}$监测，根据数据可得的西班牙、希腊、波兰等国家人均 GDP 约 1.2 万美元时$PM_{2.5}$平均质量浓度数据，$PM_{2.5}$平均质量浓度为 18～25 μg/m³，平均约为 21 μg/m³，比我国空气质量一级水平（$PM_{2.5}$为 15 μg/m³）略高。

若从经济水平、产业结构、能源消费结构综合考虑，我国 2020 年情景与波兰 2007 年情景最为接近，其时波兰PM_{10}平均质量浓度为 25 μg/m³，$PM_{2.5}$平均质量浓度为 19 μg/m³，我国如果从现状到 2020 年能达到波兰当年水平，PM_{10}平均质量浓度需削减 76%，$PM_{2.5}$平均质量浓度需削减 69%。

2.4.4.2 水环境质量

（1）现状情景对比。根据 OECD 统计署数据库提供的 OECD 各国主要河流 BOD 浓度数据，结合主要发达国家经济对标年份，选取 OECD 数据库中相应河流进行分析，按照我国《地表水环境质量标准》的 BOD 浓度标准对 OECD 河流进行分类，BOD 质量浓度不超过 4 mg/L 的河流认为是好于Ⅲ类河流，BOD 平均质量浓度介于 4～6 mg/L 的为Ⅳ类河流，BOD 质量浓度介于 6～10 mg/L 的为Ⅴ类河流，BOD 质量浓度超过 10 mg/L 的为劣Ⅴ类河流。OECD 部分国家主要河流 BOD 质量浓度变化趋势如图 2-14 所示。对比发现（表 2-15），我国好于Ⅲ类水体比例与发达国家当年水平基本相当甚至略好，但同时劣Ⅴ类河流比例高于发达国家当年 9 个百分点，消除劣Ⅴ类是水环境治理重点。

表 2-15 我国现状与发达国家同等经济水平时水环境质量对比

国家	好于Ⅲ类河流比例/%	Ⅳ类河流比例/%	Ⅴ类河流比例/%	劣Ⅴ类河流比例/%
发达国家	57	36	7	0
中国（2014）	63.2	20.8	6.8	9.2

数据来源：OECD 统计署（http：//stats.oecd.org），笔者整理。

目前城市黑臭水体是百姓反映强烈的水环境问题，水体黑臭一般是由于微生物好氧分解使水体中耗氧速率大于复氧速率，溶解氧逐渐被消耗殆尽，造成水体缺氧。1980—2010 年 OECD 部分国家溶解氧浓度见表 2-16。根据住房和城乡建设部牵头编制的《城市黑臭水体整治工作指南》，透明度低于 25 cm、溶解氧低于 2 mg/L、氧化还原电位在−200～50 mV、氨氮指标不高于 8 mg/L，可视为轻度黑臭；透明度低于 10 cm、溶解氧低于 0.2 mg/L、氧化还原电位低于−200 mV、氨氮指标高于 15 mg/L，可视为重度黑臭。OECD 国家 20 世纪 80 年代河流溶解氧质量浓度约为 9 mg/L，且存在逐渐改善趋势，不构成水体质量改善的制约性因子。黑臭水体是我国不同于发达国家的环境问题，也是水环境治理的重点和难点。

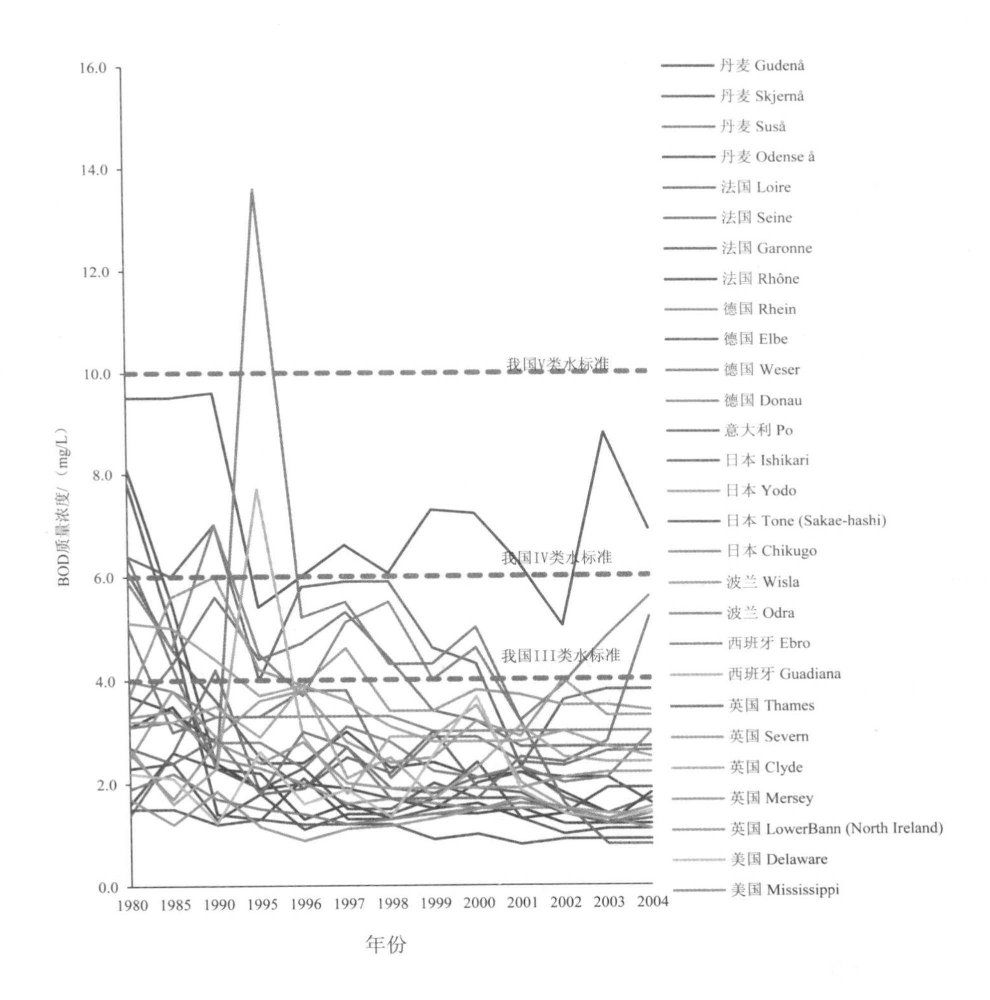

图 2-14　OECD 部分国家主要河流 BOD 质量浓度变化趋势

数据来源：OECD 统计署（http：//stats.oecd.org），笔者整理。

表 2-16 1980—2010 年 OECD 部分国家溶解氧质量浓度统计分析

指标	1980 年	1985 年	1990 年	1995 年	2000 年	2005 年	2010 年
河流数/条	37	39	47	51	50	26	21
溶解氧质量浓度平均值/（mg/L）	9.0	9.1	9.3	9.7	9.8	10.3	10.1
溶解氧质量浓度中位数/（mg/L）	9.4	9.3	9.7	9.9	10	10.6	10.5
溶解氧质量浓度最小值/（mg/L）	3.1	3.9	3.9	5	7.1	7.9	6.39
溶解氧质量浓度最大值/（mg/L）	11.9	11.8	13.7	12	12.2	11.6	11.9

数据来源：OECD 统计署（http：//stats.oecd.org），笔者整理。

（2）2020 年情景对比。发达国家人均 GDP 约 1.2 万美元时，好于Ⅲ类河流比例约为 77%，根据《水污染防治行动计划》，到 2020 年长江、黄河、珠江、淮河、海河、辽河、松花江七大流域干流及主要支流优于Ⅲ类的断面比例达到 80%左右，与发达国家当年水平基本吻合（表 2-17）。

表 2-17 我国 2020 年与发达国家同等经济水平时水环境质量对比

国家	好于Ⅲ类河流比例/%	Ⅳ类河流比例/%	Ⅴ类河流比例/%	劣Ⅴ类河流比例/%
发达国家	77	11	12	0
中国（2020 年目标）	80	—	—	—

数据来源：OECD 统计署（http：//stats.oecd.org），笔者整理。

2.4.5 基于国际比较的结论

（1）中国“十三五”时期进入工业化后期阶段，2020 年全国总体基本实现工业化，工业化进程约相当于美国 20 世纪 60 年代、日本 20 世纪 70 年代，这一时期也是美、日污染最严重的历史阶段。相对而言，我国污染物排放最大、环境污染最严重的峰值年份早于人均 GDP 和工业化进程。

（2）我国经济将进入中高速增长通道，但仍然远高于美国、德国、日本等国家历史同期 2%～5%的增速，“十三五”时期 GDP 年均增量约相当于历史同期美国的 4 倍、英国的 9 倍，污染物新增量远超过发达国家历史同期。

（3）2020 年我国第二产业比重与历史同期发达国家高 5～10 个百分点，第二产业增加值约相当于美国的 6 倍、日本的 11 倍。产业结构不合理，尤其重工业产能规模大甚至过剩、峰值年份早且峰值高，使我国面临更大、更久的环境压力。

（4）预计 2020 年我国城镇化进程尚未完全进入基本稳定状况，城镇化率与历史同期美国、日本等国家相比滞后于 10 个百分点，年均增速约 0.9 个百分点，土地开发强度过高，城市机动车使用等消费性污染相对集中。

（5）2020 年，我国一次能源消费总量是美国历史同期的 2.5 倍，煤炭占比是日本历史同期的 2.9 倍、美国的 2.8 倍、欧盟的 2.1 倍、英国的 1.7 倍、德国的 1.5 倍。目前我国单位面积煤炭消费强度是美国当年的 5 倍，京津冀、长三角地区煤炭消费强度是欧洲国家当年的 4 倍。

（6）目前中国 SO_2 与 NO_x 排放总量与欧盟历史同期总排放量相差不大。但我国颗粒物排放量明显偏高，约为美国历史同期的 1.4 倍、欧盟的 1.7 倍，京津冀地区颗粒物排放量最高（约相当于英国、波兰等国家的 3 倍），排放强度是美国的 6.7 倍、欧盟的 3.7 倍。

（7）初步推算，当前我国空气 PM_{10}、SO_2、NO_2 平均质量浓度相当于美国、德国历史同期 2 倍多。人均 GDP 约 1.2 万美元的历史同期，发达国家 PM_{10} 平均质量浓度多数处在 25～60 $\mu g/m^3$，相当于我国空气质量一级水平（PM_{10} 为 40 $\mu g/m^3$）。数据可得的西班牙、希腊、波兰等国家人均 GDP 约 1.2 万美元时 $PM_{2.5}$ 平均质量浓度介于 18～25 $\mu g/m^3$，好于我国空气质量一级水平。

（8）以 BOD 指标判别，我国目前好于Ⅲ类水体比例与 OECD 发达国家当年水平基本相当甚至略好，但同时劣Ⅴ类河流比例高于发达国家当年 9 个百分点。《水污染防治行动计划》确定的 2020 年目前与发达国家当年水平基本吻合，但消除黑臭水体、提高水体溶解氧水平是最大的短板。

环境质量与工业化和城镇化进程、资源能源禀赋、经济社会发展等密切关联，在对比分析基础上，综合形成如下形势预判结论：

（1）从影响环境的经济社会能源等对比情况看，与发达国家经济发展水平相当的历史时期相比，我国经济、产业、能源和城镇化特征导致环境质量改善难度远超发达国家当年情境。

（2）我国压缩型工业化进程造成经济发展进度快于环境治理，我国当前与美国、德国历史同期相比，环境质量改善进度滞后于经济发展进度 20 年左右。我国当前经济发展水平相当于美国、德国 20 世纪 70 年代中期水平，但 SO_2、NO_2、颗粒物浓度为美国、德国历史同期的两倍左右，大气环境质量约相当于美国五六十年代、德国六七十年代水平，颗粒物浓度与美国、德国历史上污染最严重的时期相当。

（3）从 2020 年情景对比情况看，我国与发达国家历史同期差距明显，环境质量追平可能性不大。我国 PM_{10} 浓度、$PM_{2.5}$ 浓度如果从现状到 2020 年达到发达国家当年平均水平，需削减近 60%左右。2007 年波兰经济水平、产业结构、能源消费结构与我国 2020 年基本类似，中国若达到波兰水平，PM_{10} 浓度需削减 76%，$PM_{2.5}$ 浓度需削减 69%。这些改善幅度大大超过 5 年可达范围。经过艰辛努力，即使我国地级以上城市基本消除黑臭水体，但距离 OECD 国家 20 世纪 80 年代河流溶解氧浓度 9 mg/L 水平差距仍然十分巨大。

（4）参照发达国家治理力度，2020 年环境质量难以达标，预期 2030 年可基本达标。发达国家治污进程表明，污染物排放从峰值削减一半需要 20～25 年，环境质量全面改善需要 20～30 年时间，推算 2020 年全国 PM_{10} 平均质量浓度可能在 89 $\mu g/m^3$ 左右，$PM_{2.5}$ 平均质量浓度可能控制在 52 $\mu g/m^3$ 左右。德国鲁尔区 1970 年左右第二产业占比、颗粒物平均质量浓度与我国目前基本类似，按照其最快的 5 年下降 25%的削减比例，2020 年全国 PM_{10} 平均平均质量浓度可能达到 78 $\mu g/m^3$，$PM_{2.5}$ 平均质量浓度可能达到 46 $\mu g/m^3$，仍不满足达标要求。预期 2030 年可将空气治理至接近达标水平，城市黑臭水体可基本消除。此时环境质量相当于美国、德国 20 世纪 70 年代左右的水平。

基于国际对比分析，我们认为，“十三五”期间应坚持“五位一体”和“五化同步”，确立环境质量改善主线，树立打持久战的思想，讲清客观差距，正视矛盾问题，合理引导公众环境质量预期，持续改善环境质量。同时，也要积极呼应公众诉求，把灰霾天气、黑臭水体等作为攻坚重点，显著提高治污减排的针对性和有效性，实施环境信息公开和社会共治，提高公众环境质量改善的获得感和满意度，力争 2020 年全国环境质量明显改善。另外，我国区域差异大，环境质量改善进程必将非同步、存在“拖尾”现象，在力争部分区域率先达标、树立标杆的同时，要设立环境底线指标，防止污染转移、防止区域质量改善进程掉队。

2.5 基于供需模型（SAD-SAS 模型）的全面小康环境目标研究

2.5.1 理论基础

供需模型多应用于宏观经济分析。它是供给曲线与需求曲线在同一平面坐标图上的表现，通过寻找供给曲线与需求曲线在同一坐标系上的交点反映均衡价格。

AD-AS 模型对我国宏观经济的适用性引起了不少学者的检验，高坚、杨念通过研究表明了 AD-AS 模型在我国的适用性[①]，徐高通过年度数据的研究指出我国的短期总供给和总需求曲线斜率与凯恩斯主义 AD-AS 模型的斜率正负相反[②]，王文甫在 SVAR 模型检验 AD-AS 模型与中国数据的匹配性后，初步质疑了我国数据与 AD-AS 模型的经济学内涵匹配性[③]。在对 AD-AS 模型的进一步研究中，苏盼盼等运用综合总供给和综合总需求模型对舟山海岸带进行了生态系统综合承载力评估[④]。冯银等在 AD-AS 模型基础上建立了资源环境供需模型和生态环境供需模型，对湖北省生态文明建设程度进行了评估。

2.5.2 模型构建

2.5.2.1 研究方法

AD-AS 模型是在总供给函数与总需求函数的分析基础上，综合现代西方经济经典理论，来解释市场经济社会总量失衡问题及客观经济波动问题的一种工具[⑤]。在 AD-AS 模型的框架下能分析短期内经济波动的关键因素与趋势，进而

---

① 高坚、杨念：《中国的总供给-总需求模型：财政和货币政策分析框架》，载《数量经济技术经济研究》2007 年第 5 期，第 3～11 页。

② 徐高：《斜率之谜：对中国短期总供给/总需求曲线的估计》，载《世界经济》2008 年第 1 期，第 47～56 页。

③ 王文甫、明娟：《总需求、总供给和宏观经济政策的动态效应分析——AD-AS 模型与中国数据的匹配性》，载《数量经济技术经济研究》2009 年第 11 期，第 39～50 页。

④ 苏盼盼、叶属峰、过仲阳等：《基于 AD-AS 模型的海岸带生态系统综合承载力评估——以舟山海岸带为例》，载《生态学报》2014 年第 3 期，第 718～726 页。

⑤ 陈学彬：《对我国宏观经济波动的 AD-AS 模拟分析》，载《经济研究》1995 年第 5 期，第 59～69 页。

可提出相应的调控政策建议[①]。总需求-总供给模型用公式表示如下：

$$AD=f(p);\ AS=f(y);\ AD=AS$$

式中：AD —— 总需求指数；

p —— 各个需求因子；

AS —— 总供给指数；

y —— 各个供给因子；

AD=AS —— 总供给与总需求达到平衡的一种状态。

本书对模型进行进一步科学合理地修正，即参考综合总供给-综合总需求（SAS-SAD）模型，构建环境质量供给模型。将 2010—2020 年我国环境质量的供需状态设为 K 值，它是一个动态的数据，随着时间的变化而波动。K 值内涵为我国环境质量的综合总供给水平与综合总需求水平的比值，SAS 为环境质量总供给，SAD 为环境质量总需求。其公式如下：

$$K=\frac{\mathrm{SAS}}{\mathrm{SAD}}$$

$$\mathrm{SAS}=M_1+M_2+\cdots+M_n$$

$$\mathrm{SAD}=N_1+N_2+\cdots+N_n$$

式中，M_n 和 N_n 分别指代环境质量供需的构成方面，其计算公式如下：

$$M=\sum_{i=1}^{n} m_i \cdot w_i$$

$$N=\sum_{i=1}^{n} n_i \cdot w_i$$

式中：i —— 各二级指标的序号；

m_i 和 n_i —— 各二级指标；

w_i —— 各二级指标的权重。

① 王子博：《中国宏观经济的走势：基于 AD-AS 模型的分析》，载《经济研究导刊》2009 年第 3 期，第 9～10 页。

2.5.2.2 评价指标体系构建

环境系统具有特殊性、开放性和复杂性的特点。在指标体系构建时，如果指标选择过多会使数据收集和计算过程变得更加困难，而指标选择少则不能客观地反映环境质量改善程度评价的综合特征。根据 AD-AS 模型的基本原理，评价指标设计包含两个层面：供给层面和需求层面。

（1）供给层面。供给层面的指标选取主要反映全社会对环境质量改善的提供水平和基础条件，环境资源供给、经济发展水平、环境保护投入和环境基础建设水平是反映环境质量改善供给系统的主要内容。人均水资源量和煤炭消费占能源消费比重分别表征资源禀赋和能源结构的主要指标。我国正处于工业化中期阶段，较高的 GDP 增速会增加对环境系统供给能力的压力，而保持较高的环境治理投资总额不仅可以缓解区域经济增长发展诉求对环境资源供给的消耗压力，也是提高环境系统供给水平和实现可持续发展的经济条件。在环境基础设施建设方面，如果一个国家的环境基础设施建设水平过低，那么会导致这个国家的环境污染强度过高，环境容量供给压力过大，环境质量改善难度增大。水环境和大气环境是环境系统的主要构成要素，当一个国家的污水处理厂设计处理能力、城市排水管道长度和火电脱硫机组总装机容量指标数值较大时，表明该国家的水体和大气治理水平较高，环境质量改善潜力增大。

（2）需求层面。需求层面指标选取主要反映公众对水、大气等环境质量改善的迫切需求，以及主要污染物排放强度降低的要求。在国家环境保护“十一五”“十二五”规划中，国控断面劣Ⅴ类比重和Ⅲ类及以上比重是两个重要的评价性指标。从小康保底线，保“好”“坏”两头方面考虑，提高地级及以上城市集中式饮用水水源地水质达标率也是水质改善的必要措施和重要内容。大气环境是环境质量优劣的重要指标，其中大气环境质量主要表现为主要污染物（SO_2、NO_2 和 PM_{10}）浓度与现行的环境空气质量二级标准之间的差值，差值越大，表明大气环境质量越不理想。此外，要改善环境质量，需要适当降低污染物排放强度，从国家主要关注的约束性指标方面，强化单位 GDP 排放强度，主要是降低单位 GDP 二氧化硫排放强度、单位 GDP 氮氧化物排放强度、单位 GDP 化学需氧量排放强度、单位 GDP 氨氮排放强度。从降低环境风险角度考虑，突发环境事件次数纳入评价体系。

在上述供需层面指标分析的基础上，遵循了“普遍性与特殊性相结合”“定性与定量相结合”“可评价性与数据可得性相结合”的指标选择原则，对相关指标进行了取舍（表 2-18）。

表 2-18 环境质量供需模型指标体系

一级指标	二级指标	单位	权重
环境质量供给	人均水资源量	m^3/人	0.143
	煤炭消费占能源消费比重	%	0.143
	GDP 增速	%	0.143
	环境污染治理投资总额	亿元	0.143
	污水处理厂设计处理能力	万 t/d	0.143
	城市排水管道长度	万 km	0.143
	火电脱硫机组总装机容量	万 kW	0.143
环境质量需求	水体劣Ⅴ类需要削减的比重	%	0.091
	水体好于Ⅲ类需要提升的比重	%	0.091
	地级及以上城市集中式饮用水水源地水质达标率需要提高的百分点	%	0.091
	二氧化硫削减浓度	μg/m^3	0.091
	二氧化氮削减浓度	μg/m^3	0.091
	PM_{10} 削减浓度	μg/m^3	0.091
	单位 GDP 二氧化硫排放强度	t/万元	0.091
	单位 GDP 氮氧化物排放强度	t/万元	0.091
	单位 GDP 化学需氧量排放强度	t/万元	0.091
	单位 GDP 氨氮排放强度	t/万元	0.091
	突发环境事件次数	次	0.091

（3）指标权重的确定。在确定指标权重时，参考专家及相关文献成果，最终采用分指标平均赋值的方法，即各个指标权重和为 1，指标内部有 n 个评价因子，则每个评价因子的权重为 $1/n$。最终得到评价指标的权重值（表 2-18）。

2.5.2.3 数据来源与处理

（1）数据来源。原始数据主要来源于国家统计局数据库、《中国统计年鉴》《中国环境状况公报》（2010—2013 年）、《中国环境质量报告》，部分数据来源于各具体行业统计年鉴。根据 SAD-SAS 模型的需求，进一步对历史数据进行变换，得到变换后的我国环境质量评价指标数据。

（2）数据处理。环境质量评价指标属性和量纲都存在明显差异，不能对其进行直接计算，因此，需要对数据进行变化与处理，消除原始数据的量纲影响。本书采用均值化法对指标进行无量纲化处理，具体过程如下式所示：

总供给指标的无量纲化处理公式：

$$y_{ij}=\frac{x_{ij}-\min\limits_{i}\{x_{ij}\}}{\max\limits_{i}\{x_{ij}\}-\min\limits_{i}\{x_{ij}\}}$$

总需求指标的无量纲化处理公式：

$$y_{ij}=\frac{\max\limits_{i}\{x_{ij}\}-x_{ij}}{\max\limits_{i}\{x_{ij}\}-\min\limits_{i}\{x_{ij}\}}$$

2.5.3　基于模型的 2005—2014 年环境质量供需水平分析

根据 SAD-SAS 模型，分析 2005—2014 年我国环境质量供需水平，经过数据处理得出我国环境质量总供给和总需求状态，如图 2-15 所示。可以看出，2005—2014 年，我国环境质量总供给和总需求总体上呈上升趋势，但总供给曲线上升较为缓慢，而总需求曲线增长幅度较大。

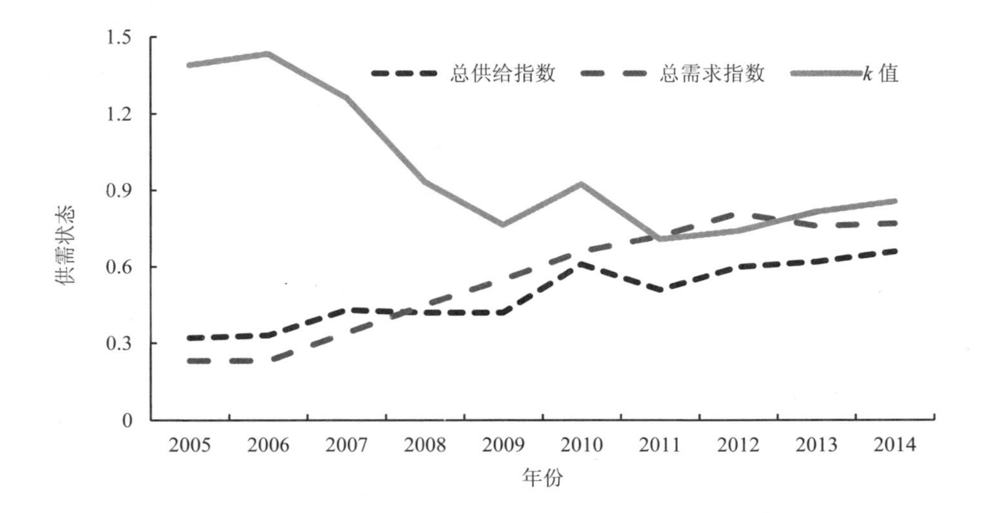

图 2-15　2005—2014 年我国环境质量供需状态

从供给侧和需求侧分别进行分析，供给侧方面，“十一五”规划以来，我国经济高速发展、污染治理水平迅猛提升、政府在环保方面的投资力度加大以及城市基础设施数量增加，促使环境质量供给水平也得到提升，并在 2014 年总供给数值达到最大值（0.66）。需求侧方面，我国 2005—2014 年处于急剧上升的趋势。

从供需状态分析，由图 2-15、表 2-19、表 2-20 可以看出，我国环境质量在 2005 年和 2006 年处于供大于求的状态，而在 2008 年以后出现供不应求的局面，这主要是由于2008—2014 年水体环境质量明显好于2005—2007 年的水体环境质量；2008 年后主要污染物减排效果显现，单位 GDP 的污染物排放强度得到明显改善；《环境空气质量标准》（GB 3095—2012）的推行增大了人们对空气质量的需求。

基于 SAD-SAS 模型来看，我国环境质量供需状态整体较低，且逐渐有供不应求的趋势，表明我国满足期待的环境质量水平短期内还难以达到。

2.5.4 基于模型的 2020 年全面小康社会环境质量供需水平情景分析

2.5.4.1 情景方案设计

基于模型对 2005—2014 年的环境质量供需关系进行分析，根据模型数据趋势，适当考虑 2020 年主要经济、社会指标的定性情景，采用回归模型和趋势外推法，分 3 种情景，分析我国 2020 年达到小康社会时的环境质量供需水平。

情景方案一：以趋势外推法为主，在 2005—2014 年我国环境质量的供需水平现状的基础上，运用二次指数平滑预测模型推出 2020 年的供需状态。

情景方案二：假定 2020 年的需求指数维持 2014 年的指数水平，增加 2020 年的供给水平。

情景方案三：2020 年的需求指标和供给指标均发生变动，并以此分析 2020 年我国环境质量的供需状态。其中，供给侧方面，借鉴相关研究机构预测，GDP 增速取 6.0%、人均水资源量取 2 100 m^3/人，火电装机容量取 92 000 万 kW，没有预测值的污染治理投资总额、污水处理厂设计处理能力指标以趋势外推法的预测值。需求侧方面，将水体劣Ⅴ类断面控制到 5%、好于Ⅲ类控制在 70%、饮用水水源地水质达标率 100%、二氧化硫、二氧化氮以及 PM_{10} 浓度达标.、四项主要污染物排放量在 2014 年的基础上下降 10%。

表 2-19　2005—2014 年环境质量供需指标

	指标体系	2005 年	2006 年	2007 年	2008 年	2009 年	2010 年	2011 年	2012 年	2013 年	2014 年
供给侧	人均水资源量/（m^3/人）	2 151.8	1 932.1	1 916.3	2 071.1	1 816.2	2 310.4	1 730.2	2 186.1	2 059.7	2 100
	煤炭消费占能源消费比重/%	70.8	71.1	71.1	70.3	70.4	68	68.4	66.6	66	64.9
	GDP 增速/%	11.3	12.7	14.2	9.6	9.2	10.4	9.3	7.7	7.7	7.4
	环境污染治理投资总额/亿元	2 388	2 566	3 387.3	4 490.3	5 258.4	7 612.2	7 114	8 253.5	9 516.5	10 300
	污水处理厂设计处理能力/（万 t/d）	5 220	6 370	7 579	9 079	10 477	12 331	13 991	15 314	16 574	16 700
	城市排水管道长度/万 km	24.1	26.1	29.2	31.5	34.4	37	41.4	43.9	46.5	51.1
	火电脱硫机组总装机容量/万 kW	13 456	14 519	26 557	36 332	46 132.3	57 803.2	67 075	71 800	75 361	90 946
需求侧	水体劣Ⅴ类需要削减的比重/%	27.9	27	26	23.6	20.8	18.4	16.4	13.7	10.3	9.2
	水体好于Ⅲ类需要提升的比重/%	28.2	29	24	20.1	20	12.7	10.1	9	1.1	6.8
	地级及以上城市集中式饮用水水源地水质达标率需要提高的百分点/%	22.4	27.7	23.5	23.6	27	23.5	9.4	2.7	2.7	3.8
	单位 GDP 二氧化硫排放强度/（t/万元）	0.013 9	0.012	0.009 3	0.007 3	0.006 5	0.005 5	0.004 7	0.004 1	0.003 6	0.003 1
	单位 GDP 氮氧化物排放强度/（t/万元）	0.008 2	0.007 1	0.006 2	0.005 1	0.005	0.004 6	0.003 8	0.003 3	0.002 8	0.002 3
	单位 GDP 化学需氧量排放强度/（t/万元）	0.007 7	0.006 6	0.005 2	0.004 2	0.003 8	0.003 1	0.002 8	0.002 4	0.002 1	0.001 8
	单位 GDP 氨氮排放强度/（t/万元）	0.000 8	0.000 7	0.000 5	0.000 4	0.000 4	0.000 3	0.000 4	0.000 3	0.000 3	0.000 2
	突发环境事件次数/次	1 406	842	462	474	418	420	542	542	712	471
	二氧化硫削减质量浓度/（μg/m^3）	−28	−7	−8	−12	−24	−25	−25	−28	−25	−35
	二氧化氮削减质量浓度/（μg/m^3）	−12	−5	−5	−6	−13	−12	−11	−12	−8	−2
	PM_{10}削减质量浓度/（μg/m^3）	−24	−54	−6	−11	−26	−25	−22	−25	27	35

注：水体劣Ⅴ类比重的目标值为 0；水体好于Ⅲ类比重的目标值为 70%；地级及以上城市集中式饮用水水源地水质达标率的目标值为 100%；2012 年前用 1996 的空气质量二级标准（二氧化硫 60 μg/m^3、氮氧化物 50 μg/m^3、二氧化氮 40 μg/m^3、PM_{10}为 100 μg/m^3），2013 年用新的空气质量二级标准（二氧化硫 60 μg/m^3、氮氧化物 50 μg/m^3、二氧化氮 40 μg/m^3、PM_{10}为 70 μg/m^3）。

表 2-20　2005—2014 年我国环境质量供需评价结果

	评价结果	2005 年	2006 年	2007 年	2008 年	2009 年	2010 年	2011 年	2012 年	2013 年	2014 年
供给指标指数	人均水资源量	0.10	0.05	0.05	0.08	0.02	0.14	0.00	0.11	0.08	0.09
	煤炭消费占能源消费比重	0.14	0.14	0.14	0.12	0.13	0.07	0.08	0.04	0.03	0.00
	GDP 增速	0.08	0.11	0.14	0.05	0.04	0.06	0.04	0.01	0.01	0.00
	环境污染治理投资总额	0.00	0.00	0.02	0.04	0.05	0.09	0.09	0.11	0.13	0.14
	污水处理厂设计处理能力	0.00	0.01	0.03	0.05	0.07	0.09	0.11	0.13	0.14	0.14
	城市排水管道长度	0.00	0.01	0.03	0.04	0.05	0.07	0.09	0.10	0.12	0.14
	火电脱硫总装机容量	0.00	0.00	0.02	0.04	0.06	0.08	0.10	0.11	0.11	0.14
	总供给指数	**0.32**	**0.33**	**0.43**	**0.42**	**0.42**	**0.61**	**0.51**	**0.60**	**0.62**	**0.66**
需求指标指数	水体劣Ⅴ类需要削减的比重	0.00	0.00	0.01	0.02	0.03	0.05	0.06	0.07	0.09	0.09
	水体好于Ⅲ类需要提升的比重	0.00	0.00	0.02	0.03	0.03	0.05	0.06	0.07	0.09	0.07
	地级及以上城市集中式饮用水水源地水质达标率需要提高的百分点	0.02	0.00	0.02	0.01	0.00	0.02	0.07	0.09	0.09	0.09
	单位 GDP 二氧化硫排放强度	0.00	0.02	0.04	0.06	0.06	0.07	0.08	0.08	0.09	0.09
	单位 GDP 氮氧化物排放强度	0.00	0.02	0.03	0.05	0.05	0.06	0.07	0.08	0.08	0.09
	单位 GDP 化学需氧量排放强度	0.00	0.02	0.04	0.05	0.06	0.07	0.08	0.08	0.09	0.09
	单位 GDP 氨氮排放强度	0.00	0.01	0.03	0.05	0.05	0.06	0.05	0.06	0.06	0.07
	突发环境事件次数	0.00	0.05	0.09	0.09	0.09	0.09	0.08	0.08	0.06	0.09
	二氧化硫削减质量浓度	0.07	0.00	0.00	0.02	0.06	0.06	0.06	0.07	0.06	0.09
	二氧化氮削减质量浓度	0.08	0.02	0.02	0.03	0.09	0.08	0.07	0.08	0.05	0.00
	PM_{10} 削减质量浓度	0.06	0.09	0.04	0.05	0.06	0.06	0.06	0.06	0.01	0.00
	总需求指数	**0.23**	**0.23**	**0.34**	**0.45**	**0.55**	**0.66**	**0.72**	**0.81**	**0.76**	**0.77**

情景方案二和情景方案三的具体指标取值如表 2-21 所示。

表 2-21 3 种情景方案下的供需指标

	指标体系	2014 年水平	情景方案二	情景方案三
供给侧	人均水资源量/（m^3/人）	2 100	待定	2 100
	煤炭消费占能源消费比重/%	64.9	57.5	57.5
	GDP 增速/%	7.4	待定	6.0
	环境污染治理投资总额/亿元	10 300	15 915.13	15 915.13
	污水处理厂设计处理能力/（万 t/d）	16 700	26 000.4	26 000.4
	城市排水管道长度/万 km	51.1	67.8	67.8
	火电脱硫机组总装机容量/万 kW	90 946	92 000	92 000
需求侧	水体劣Ⅴ类需要削减的比重/%	9.2	9.2	5.0
	水体好于Ⅲ类需要提升的比重/%	6.8	6.8	0
	地级及以上城市集中式饮用水水源地水质达标率需要提高的百分点/%	3.8	3.8	0
	单位 GDP 二氧化硫排放强度/（t/万元）	0.003 1	0.003 1	0.002 2
	单位 GDP 氮氧化物排放强度/（t/万元）	0.002 3	0.002 3	0.001 6
	单位 GDP 化学需氧量排放强度/（t/万元）	0.001 8	0.001 8	0.001 3
	单位 GDP 氨氮排放强度/（t/万元）	0.000 2	0.000 2	0.000 2
	突发环境事件次数/次	471	471	400
	二氧化硫削减质量浓度/（$\mu g/m^3$）	−35	−35	−35
	二氧化氮削减质量浓度/（$\mu g/m^3$）	−2	−2	−2
	PM_{10} 削减质量浓度/（$\mu g/m^3$）	35	35	0

2.5.4.2 情景方案分析

2020 年 3 种情景方案下的我国环境质量总供给指数和总需求指数的预测水平如表 2-22 所示。

表 2-22 2020 年我国环境质量总供给指数和总需求指数的预测水平

情景方案	总供给水平	总需求水平
情景方案一	0.78	1.16
情景方案二	当人均水资源量和 GDP 增速=2010 年水平时，供给=需求	
	当人均水资源量和 GDP 增速＞2010 年水平时，供给＞需求	
	当人均水资源量和 GDP 增速＜2010 年水平时，供给＜需求	
情景方案三	0.66	0.83

（1）情景方案一。二次指数平滑预测模型的结果如表2-22所示。由表可知，2020年我国环境质量的供给和需求指数分别为0.78和1.16，供给指数小于需求指数，且相比于2014年的供给水平，2020年的供需缺口继续拉大。

（2）情景方案二。在假定2020年需求指数维持2014年指数水平的情况下，根据“十三五”规划的设定指标和简单的线性推倒得出：2020年的煤炭占能源比重为57.5%、环境污染治理投资总额为15 915.13亿元、污水处理厂设计处理能力为26 000.4万t/d、城市排水管道长度为67.80万km、火电脱硫机组总装机容量为92 000万kW（表2-21）。在确定以上指标的前提下，结果表明：若2020年的人均水资源量和GDP增速保持在2010年水平时（即人均水资源量为2 310.4 m^3，GDP增速为10.4%），2020年我国的环境质量供需指数均为0.77，供需达到平衡状态；若两者低于2010年的发展水平，则供求指数仍小于需求指数；若两者高于2010年的发展水平，则可以出现供大于需的局面。

（3）情景方案三。方案三中2020年供给指标的取值与方案二基本相同，只是将人均水资源量设为2 100 m^3、GDP增速设为6.0%。在需求指标中，将2020年水体劣Ⅴ类比重设为5%、水体好于Ⅲ类比重设为70%、二氧化硫和化学需氧量的排放总量下降8%、氮氧化物和氨氮排放总量下降10%、突出环境事件设为400次、地级及以上城市集中式饮用水水源地水质达标率设为100%（表2-21），根据以上指标取值，结合SAD-SAS模型，计算得出2020年我国环境质量的供给指数为0.66，需求指数为0.83，其中供给指数与2014年的水平相比，没有发生变化，而需求指数略有增大，供需缺口也略微拉大。

2.6 基于环境质量诉求的环境目标研究

2.6.1 全面小康社会环境质量目标的基本特征

（1）全面小康社会的环境质量目标是阶段目标。“十三五”期间，经济新常态下的环境保护工作仍立足于国家发展的战略布局，依旧是城镇化、工业化快速发展阶段，经济处在高速增长向中高速增长平稳换挡期，但增长的绝对量增加，污染物排放总量压力不减；主要重化工产品产能峰值苗头会显现，但可能维持较长的平台期；2020年煤炭消耗总量可能见顶但“高煤”结构难以扭转、能源消费总量仍将增加，因此，环境压力仍将持续增长，“十三五”仍处在环境资源持续超载的阶段。预计经过持续努力，到2030年，才能基本实现城市空气质量、水环境功能区达标。到2050年，才能够实现人口、资源、环境、发展全面协调。因此，全面小康社会的环境目标仍然是阶段性的环境质量改善目标，不可能一蹴而就，目标值的确定需要考虑生态环境可达、经济技术可行、群众可接受，不宜不切实际地攀高。

从这个意义上讲，到2020年，在此阶段的小康环境目标主要解决“补短板”的问题，努力缩小与国际同类国家的环境质量差距，以环境质量为核心，解决老百姓身边的严重环境问题，如解决饮用水不安全、建成区黑臭水体、重污染天气、农村环境综合整治等，并且建立与群众感官直接相关的指标体系。到2030年，在小康环境目标实现后的环境质量进一步提升，有望实现稳中有升，部分区域可以达到国际同类环境质量水平。到2050年，与国际同等发达国家的生态环境质量基本在同一水平线上。

“十三五”期间，我国仍处在环境资源持续超载、环境问题集中高发的阶段，预计经过持续努力，根据中国环境宏观战略研究，到2030年，才能实现城市空气质量、水环境功能区基本达标，到2050年，才能够实现人口、资源、环境、发展全面协调。因此，全面小康社会的环境目标仍然是阶段性的环境质量改善目标，不可能一蹴而就，目标值的确定需要考虑生态环境可达、技术经济可行，人民群众可接受，不宜不切实际地攀高。

（2）全面小康环境质量目标基本要求是保住底线。“保底线”的关键是抓住“好”“坏”两头，反映人们生活环境的状况。“好”的方面反映全国人民群众生活环境质量的基本水平，如城市空气质量达标天数比例（空气质量不达标的区域主要在城市）、地表水控制断面好于Ⅲ类比例；“坏”的方面是老百姓反映强烈的环境问题的控制水平，如城市黑臭河流的比例、重污染天气天数比例等指标，类似于全国贫困人口数量的控制指标。经济发展不能完全消除部分人口贫困，环境保护也难以彻底消除部分河流黑臭和重污染天气，但需要将此类问题控制在较低、社会能接受的水平。

（3）全面小康环境目标的重要表征是全面覆盖。中央对于全面小康社会的建设目标是人口普惠、适用全国的目标，因此全面小康的环境目标指标的设置也必须覆盖所有人群，不能让一部分人长期处于达不到全面小康的处境，目标选取应该选择能够在全国区域内评价的指标，可以有每个老百姓都不完全达到的水平，但不能缺少部分群体，如选择“空气质量达标天数比例”而非“达空气质量标准的城市比例”等，保障社会绝大部分群体享有基本安全的环境质量。

（4）小康环境目标的重要体现是公共服务。小康环境目标应该体现政府能够提供的基本公共服务，促进环境公平正义，促进城乡统筹，因此，小康环境目标应将解决农村环境问题作为提高农村环境水平的重要途径，提出针对性要求，对全国的生态状况提出基本要求。

2.6.2 2020 年全面建成小康社会环境质量目标设置建议

环境质量管理以达到预期环境质量目标或完成预期改善效果为出发点和落脚点，因此需要首先确立目标指标体系，在目标指标体系的指导下再制定治污减排、生态保护等一系列政策与措施。目标指标体系的制定关乎全局、决定环境保护工作方向与力度，是环境质量改善政策的先导和关键环节。目标指标体系的构建，应把握控大局、重落实、讲民生、求公平四条原则。

控大局，即指标的选择要通盘考虑全国范围，识别能够体现环境质量的代表性、关键性、要害性指标。指标一般需具有影响范围广、群众改善要求强烈，有利于统筹污染防治任务等特征，以“抓两头、带中间”的思路，既要正向引导，扩大优质环境质量范围或比例，又要把握住底线，将最差情况控制在一定范围内。大气环境可选择城市环境空气质量平均达标天数，重污染天气比例、六项主要污染物浓度等指标；水环境可选择集中式饮用水水源水质、国控断面劣Ⅴ类水体断面比例、建成区黑臭水体比例、七大流域水质优良比例、近岸海域水质优良海水比例、地下水水质极差比例等指标；土壤可选择耕地土壤环境质量达标率、牧草地土壤环境质量达标率等指标；生态可选择生态保护红线面积比例、生物多样性等指标。只有控住了这些全局性约束指标，才能把握全国环境质量整体局面。

重落实，即目标指标体系制定后，要能够执行、可达。①注意不同行政层级之间的衔接和沟通，国家层面目标指标体系制定后，应加强对各省、区域、城市环境保护规划的指导，使上下级的指标能够对应、衔接、互相支撑；②要将目标转化成任务，使目标的实现有途径、可操作，避免目标成为“空中楼阁”，将国家规划环境质量改善的目标和任务层层分解落实，各省、区域、流域和城市根据分解的目标和任务制定具体工作方案，进行项目性、责任性分解，确保实现目标；③强化目标考核，将目标实现情况作为规划评估考核的重要内容，作为评价地方政府环境保护工作成效的重要依据。

讲民生，即目标指标的制定要亲民、易懂、可接受。①亲民，指标的选择要体现百姓生活中特别关注的环境问题，将雾霾、城市内河或流经城市的河流、密集人群周边的劣V类水体、小企业扰民违法排放等群众反映强烈的身边环境问题的解决列入目标指标体系，重点问题重点击破；②易懂，指标的表达要从学术化转向亲民化，使百姓能够理解、可以感知，如“消灭黑臭水体”“可游泳、可钓鱼”等表达方式，与常规的污染物浓度和水质类别等表达方式相比更加形象，百姓不需专业监测也可感受到目标是否实现；③可接受，当前群众日益增长的环境公共服务需求与滞后的供给之间矛盾已迅速上升为当今社会主要矛盾的突出表现形式。解决这一问题，必须抓住百姓的心理预期底线，目标的制定要考虑百姓需求，让大部分群众满意。

求公平，即持续推进环境基本公共服务均等化。良好生态环境是最公平的公共产品，是最普惠的民生福祉。欧盟的环境空气质量标准适用于欧盟国家所有区域，无论是工业聚集区、人口聚集区还是自然生态保护区，都一视同仁，充分体现了环境质量作为公共产品的公平性。我国将维持基本安全的环境质量作为地方政府必须提供的公共服务，当前全国不同地区环境质量差异较大，还难以实现环境质量全国统一，但地方政府和部门应将环境质量不恶化和环境功能不退化作为发展底线，这一原则全国通用，无论是经济较为发达的东部地区，还是承接产业转移的西部地区，在发展中都应以环境质量不恶化、环境功能不退化作为前提。同时各级政府应将基本的环境质量要求、城乡统筹的环境监管和信息化、环境基础设施建设和运营服务列入基本公共服务的重要内容，采取有力措施，保障并不断提高环境基本公共服务水平。国家应加大调控力度，充分考虑区域差异性，保证环境基本公共服务均等化和全覆盖。

2020 年的小康目标定位于阶段性目标，综合生态环境可达、经济技术可行、人民群众可接受三方面因素，以构建以环境质量目标体系的小康环境目标，城市和农村兼顾，重点补足老百姓身边“看得见、可感知”的环境质量“短板”。基于此，小康环境目标体系应是全要素的指标体系，覆盖大气、水、土壤和生态。

（1）大气环境方面。建议选取“城市空气质量优良天数（达标天数）比例达到 80%左右”“重度及以上污染天气比例控制在 3%以内”等指标。2014 年实施新标准的 161 个城市达标天数比例为 66.6%，80%符合“较好”或者“良好”的水平。重度及以上污染天气比例现状为 5.6%，2020 年控制在 3%左右，也就是 2014 年长三角的水平（2.9%）。要实现上述目标，全国地级及以上城市 $PM_{2.5}$ 浓度需要下降 15%左右。

（2）水环境方面。建议选取“地级及以上城市集中式饮用水水质好于Ⅲ类比例高于 93%”“地级及以上城市建成区黑臭水体比例控制在 10%以内”“国控断面劣Ⅴ类水质控制在 5%以内”等指标。2014 年全国有监测数据的 902 个集中式饮用水水源地中，达标比例为 88.3%，七大重点流域国控断面Ⅰ～Ⅲ类水质比例为 66.6%，目前地级及以上城市建成区黑臭水体比例仍在 50%以上。

（3）土壤环境方面。建议选取“耕地土壤环境质量达标率”“重度污染土壤点位比例”等指标，土壤环境直接关乎食品安全。根据土壤环境调查公报，目前耕地土壤环境点位超标率为 19.4%，重度污染土壤点位比例为 1.1%，经过实施“土十条”，预计 2020 年耕地土壤环境质量达标率可以达到 82%，重度污染土壤点位比例控制在 1%左右。

（4）生态环境方面。建议选取达到环境综合整治要求的建制村比例。将农村环境综合整治作为提高农村环境水平的抓手，大力推进以奖促治、连片整治，2020 年要完成 13 万个建制村的整治任务。再加上自然条件好、各方面资金支持农村环境建设等情况，有望将农村环境水平明显提升，使城乡环境基本公共服务均等化水平不至于差距太大。

2.7 实现全面小康环境目标需开展环境质量管理

（1）环境质量改善是生态文明建设和全面建成小康社会的必然要求。党的十八大将生态文明与经济建设、政治建设、文化建设、社会建设一起列为“五位一体”的总体布局，强调“给自然留下更多修复空间，给农业留下更多良田，给子孙后代留下天蓝、地绿、水净的美好家园”，“为全球生态安全做出贡献”，“努力建设美丽中国，实现中华民族永续发展”。“十三五”期间，能够体现“资源节约型、环境友好型社会建设取得重大进展”的全面建成小康社会最关键成果就是环境质量改善。在公众环境诉求日益提高的社会现实下，环境质量不能成为全面小康社会的“短板”，环境质量改善是“十三五”期间必须要解决的难题。

（2）环境质量改善是治污减排和风险防范的目标指向。长期以来，我国坚持治污减排的工作主线，最终目标还是减少污染物排放，持续改善环境质量。从中长期环境经济发展趋势看，以总量控制为主要抓手的环境管理模式受经济发展周期波动影响较大。在经济高速发展的时期，以加大削减量为主的总量控制措施可能事半功倍，在经济发展速度放缓、经济发展动力机制深度调整期间，以遏制新增量为主的总量控制措施可能会落空。而基于改善环境质量、满足人体健康需求的环境管理方式，则具有长期性、根本性，并与公众切身感受关联较大，较能体现控源减排的效率和效果，并能进一步强化污染减排、总量控制的手段效果。

（3）环境质量管理是落实地方政府环境保护责任刚性约束的重要抓手。地方政府为当地环境质量负责相关法律中早有规定，但缺乏明确、具体的要求。2015年实施的《环境保护法》强化了地方政府对本地区环境质量的责任，规定“未达到国家环境质量标准的重点区域、流域的有关地方人民政府，应当制定限期达标规划，并采取措施按期达标”。并要求“县级以上人民政府应当将环境保护目标完成情况纳入对本级人民政府负有环境保护监督管理职责的部门及其负责人和下级人民政府及其负责人的考核内容，作为对其考核评价的重要依据”。因此，“十三五”期间，环境质量目标将是地方政府考核评价的重要内容，关键是“绿化”考核制度，建立以环境质量改善为核心的环境管理制度政策，以此建立并完善以环境质量数据监测体系、质量公众监督机制、环境质量政绩考核体系为代表的环境质量管理手段。

（4）环境质量管理是统筹解决新型复合环境污染问题的有效手段。“十三五”期间，环境污染复合型、累积型、难治理等特征更加明显，常规污染物排放量仍然很大，$PM_{2.5}$、PM_{10}、臭氧等二次污染以及区域性环境污染问题突出，重金属污染、危险化学品、危险废物等有毒有害物质环境风险隐患未除，在此形势下，解决环境污染问题要摒弃单一污染物控制、单一控制手段的思路，要从多环境污染物、多环境要素、区域间环境协同控制入手，以环境质量为核心，污染物排放量控制、环境风险控制均以改善环境质量为目标，系统、全面、协同解决环境问题。

（5）环境质量管理可体现“质量倒逼”，以环境质量目标促进经济转型升级。全面小康社会应是一个经济、社会、民主、法制以及生态环境的协调发展的社会，国家统计局小康进程监测表明，生态环境是实现全面小康社会的最大“短板”。因此，只能实施“连续倒逼”，即以实现小康社会“倒逼”环境质量改善，以环境质量改善“倒逼”经济社会生产过程和产业链前端，以环境质量目标“倒逼”经济结构转型目标、产业升级目标、能源结构调整目标等经济社会发展指标，最终实现经济与环境协调，实现全面小康社会。

第 3 章
环境质量管理经验

3.1 当前我国环境质量管理的主要问题

从环境管理的目标导向来看，环境管理通常有 3 种模式：①以环境污染控制为目标导向的环境管理。20 世纪 80 年代之前的美国、日本、西欧等发达国家以及目前大部分发展中国家基本上采取这种模式。这一时期，经济快速发展，环境污染日趋严重，公众环境意识空前觉醒，环境保护运动风起云涌，政府采取各种政策措施控制环境污染，其标志是实施严格的排放标准和总量控制措施。②以环境质量改善为目标导向的环境管理。80 年代以后大部分发达国家基本采取这种模式。这些国家经过 20 多年的努力，基本解决了常规污染问题，环保工作的重点转移到环境质量持续改善和全球环境问题。这一模式的标志是实施更加严格的环境质量标准，以环境质量目标“倒逼”经济结构调整，实现以环境保护优化经济增长。③以环境风险防控为目标导向的环境管理[①]。进入 21 世纪后，发达国家环境质量管理不断深化，开始更加关注人体健康和生态安全，以风险预警、预测和应对为主要标志的管理模式逐渐形成。当前我国整体处于总量控制向质量改善的过渡时期，“质量负责”与“总量考核”存在诸多不匹配的地方，以总量为核心的制度体系与当前的环境形势存在一定脱节，环境质量改善与总量管理存在脱钩现象，环境管理体制未来要求进行污染物的全要素管理，而总磷、石油类污染物、扬尘、$PM_{2.5}$、PM_{10} 等诸多污染物仍未纳入总量减排范畴，而沿用以往的总量考核手段又使现行环境管理体制呈现难以承受其巨大负荷。因此，必须加快实

① 周生贤：《$PM_{2.5}$：环境管理需以环境质量为目标导向》，2012 年 5 月 4 日《经济日报》。

现环境管理战略转型。

现阶段我国环境质量管理的目标、手段、政策、措施、监测数据等多方面多领域还存在诸多问题：

（1）以环境质量为核心的管理目标体系还不明确。面向“十三五”全面小康社会的环境管理需求仍在研究过程中，环境质量管理目标体系还不明确，基于“导向—目标—任务框架—政策体系”的管理全链条研究还未开展，基于“一城一策”的城市环境质量目标改善的“单元化目标—指标—任务—政策体系”还未建立。

（2）环境保护工作的重点仍未转移到环境质量管理方面。从政府绩效考核来看，新修订的《环境保护法》规定“地方各级人民政府应当根据环境保护目标和治理任务，采取有效措施，改善环境质量”，明确了地方政府对环境质量负责，但当前政府政绩考核体系仍以总量指标完成情况作为考核依据。

（3）生态环境质量监测体系仍不完善。环境监测法律支撑体系尚不完善，新《环境监测管理条例》迟迟不能出台，造成环境监测机构、环境监测人员和环境监测行为均缺乏必要的法律约束，环境监测基本公共服务能力不足，环境质量监测体制政事不分，环境监管受约束。环境监测公平性与权威性难以保证，缺乏统一标准、公平有效的环境质量监督和校核机制，监测数据的真实性和客观性难以保证。

（4）生态环境质量的评价考核制度仍未有效建立。环境质量综合评价和考核的技术体系还不完善，各种环境要素的环境质量评价方法、标准及其对应的健康需求并不一致，综合评价的科学性还需要进一步强化。另外，环境质量还受当地自然背景、水文地理、天气气候以及跨区域环境相互作用等多种因素影响，如何合理评价和考核一地的生态环境保护和改善绩效，还需要进行深入分析研究。

3.2　发达国家环境质量改善一般进程

3.2.1　典型地区环境治理历程

德国鲁尔工业区拥有丰富的煤炭资源，是全球重要的制造业基地，也是欧洲最大的工业人口聚居区。鲁尔区在第二次世界大战后西德经济恢复和经济起飞中发挥过重大作用，工业产值曾一度占德国的 40%。到 20 世纪 50 年代，鲁尔区已成为当时德国乃至世界重要的工业中心。当时鲁尔区与我国当前产业结构和能源结构较为接近。60 年代鲁尔区空气污染达到前所未有的程度。1961 年鲁尔区共有 93 座发电厂和 82 座冶炼高炉，每年向空气中排放 150 万 t 烟尘（相当于我国京津冀地区排放总量，但面积仅为京津冀的 1/40）和 400 万 t SO_2（相当于京津冀地区排放总量的 2.5 倍）；此外，还有化工厂排放的废气和不断增加的汽车尾气。1962 年 12 月，鲁尔区首次遭遇严重雾霾天气，部分地区空气 SO_2 质量浓度高达 5 000 μg/m^3，因霾致死的人数超过 150 人，拉开了德国“雾霾期”序幕。

1962 年鲁尔区雾灾之后，北威州制定了德国第一个雾霾条例。出现雾霾天气时，政府可以要求企业停产、车辆停驶。德国政府推行了数百项“空气清洁与行动计划”，包括通过车辆限行、关闭落后企业、工厂限产减少颗粒物排放，强化技术应用（如工厂减少燃料硫含量、车辆安装颗粒过滤器、采用更高的燃油标准、使用清洁发动机）等。此外鲁尔区完成了对传统企业的清理和改造，关闭了大批炼钢厂、焦炭厂，化工、石化等污染企业纷纷转移到发展中国家。经过一系列措施，鲁尔区空气质量获得显著提高，鲁尔地区现在的空气质量与德国其他人口密集地区大致相当[①]。

从治理成效看，如图 3-1 所示，鲁尔区 1965—1975 年最初开始集中治理的 10 年成效最为显著，TSP 质量浓度从 200 μg/m^3 下降到 100 μg/m^3，10 年下降了 50%。此后下降速度有所减慢，1980—1990 年 10 年时间削减了 25%。我国 2014 年 PM_{10} 质量浓度为 105 μg/m^3，折算成 TSP 质量浓度为 150 μg/m^3，约相当于鲁尔区 1970 年左右水平。鲁尔区 1975 年 TSP 质量浓度为 100 μg/m^3，折算成 PM_{10} 质量浓度为 70 μg/m^3，达到我国环境空气质量二级标准，此时鲁尔区第二产业占比约 42%，与我国当前产业结构较为接近。

3.2.2 国际治污减排与质量改善进程

（1）发达国家经验表明，经过大规模治理，污染物排放可以实现大幅削减，从峰值削减一半需要 20～25 年。如表 3-1 所示，发达国家 SO_2 的峰值年份多在 20 世纪 60 年代末 70 年代初（相当于我国 2010 年经济水平），SO_2 排放总量达到峰值后，美国和英国均用了 25 年使污染物排放总量降低了 50%左右，至今共降

---

① 刘丽荣：《鲁尔区如何实现华丽转身》，2013 年 6 月 26 日《中国环境报》第 7 版。

低 80%以上。发达国家 NO_x 的排放量峰值集中在 80 年代末 90 年代初，NO_x 排放总量达到峰值后，美国用 18 年削减了 56%，英国用 21 年削减了 64%，欧洲用 24 年削减了 46.2%，日本用 12 年削减了 24.2%。

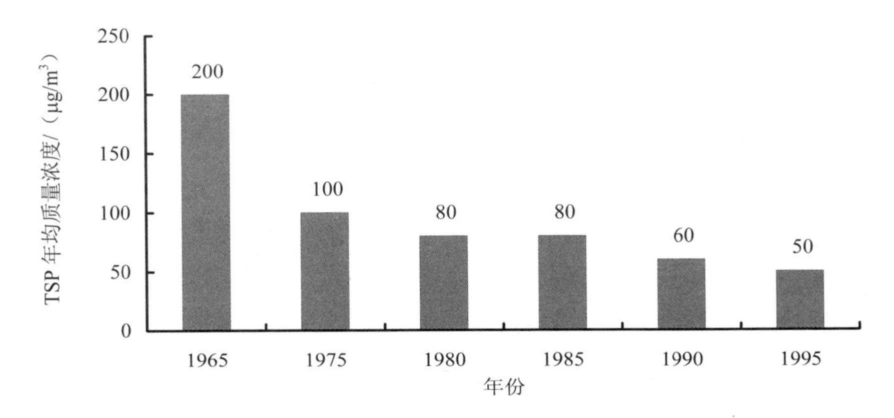

图 3-1 鲁尔区 TSP 年均质量浓度变化趋势

数据来源：Dieter Gladtke. “Air pollution in the Rhine–Ruhr-area”，*Toxicology Letters*，1998，No.97，pp.277-283。

表 3-1 大气主要污染物排放量峰值一览表

污染物	国家	峰值时间	峰值时排放量/万 t	当前排放量/万 t	降幅/%
SO_2	美国	1974	3 003	562	81.3
	英国	1968	637	38	94
	欧洲	20 世纪 70 年代	—	619.5	—
	日本	1967	500	93.7	81.2
NO_x	美国	1994	2 537.2	1 116（2012）	56
	英国	1989（1990）	287	103（2011）	64
	欧洲	20 世纪 90 年代	1 723	927	46.2
	日本	2002	215	163	24.2
VOCs	美国	1970	3 029.7	1 568	48.2
	英国	1990	270	75	72
	欧洲	1990 前后	1 706	738	56.7
	日本	1990 前后	194	154	20.6

从颗粒物来看，如表 3-2 所示，欧洲自 1990—2012 年 22 年间 PM_{10} 排放总量总体下降了 40%左右，其中荷兰、英国等国家下降幅度达到一半以上，法国、

捷克、丹麦、波兰、比利时、匈牙利、意大利、德国等国家下降幅度在 30%～50%。

表 3-2 欧洲部分国家 1990—2012 年 PM_{10} 排放量削减进程 单位：t

国家	1990 年	1995 年	2000 年	2005 年	2010 年	2012 年	削减率/%
英国	284 260	225 009	177 611	145 802	133 120	127 780	55.05
法国	554 746	519 211	436 972	362 023	304 605	286 818	48.30
捷克	57 350	52 320	42 025	34 346	37 011	34 426	39.97
丹麦	47 713	42 790	38 531	38 768	33 842	29 120	38.97
波兰	427 723	342 122	269 302	270 664	282 697	265 952	37.82
比利时	62 996	57 138	53 242	46 517	43 682	39 355	37.53
匈牙利	65 768	58 410	65 009	42 538	42 917	42 740	35.01
意大利	249 060	246 574	209 029	188 231	174 169	166 153	33.29
德国	328 429	304 324	268 102	231 744	228 600	224 377	31.68
瑞士	28 277	25 368	21 832	20 458	20 037	19 560	30.83
瑞典	57 160	52 649	46 652	51 155	49 252	45 534	20.34
葡萄牙	90 224	98 497	102 786	102 149	81 411	77 652	13.93
挪威	52 239	52 448	52 800	49 960	47 860	47 445	9.18
欧盟	3 294 638	2 809 479	2 390 269	2 234 730	2 082 179	1 988 766	39.64

数据来源：OECD 统计署（http：//stats.oecd.org），笔者整理。

在城镇化率增长变化不大、第二产业占比变化不明显但人均 GDP 增长较快的情况下，发达国家基本用 20～25 年的时间削减了一半左右的污染物排放量。

（2）随着污染物排放总量的削减，污染物浓度也开始逐步下降，但环境质量全面改善需要 20～30 年时间。如表 3-3 和表 3-4 所示，美国、英国、法国等国家 1990—2010 年 20 年间 PM_{10}、$PM_{2.5}$ 浓度均下降了 35%～50%。

表 3-3 典型国家 PM_{10} 年平均质量浓度改善进程 单位：μg/m³

国家	1990 年	2000 年	2010 年	1990—2010 年下降幅度/%
美国	37	27	19	51
法国	37	28	24	35
德国	38	29	24	37
日本	40	27	19	43
英国	31	24	19	29
中国	—	—	75	—

数据来源：环境数据手册（2014），环境保护部污染物排放总量控制司。

表 3-4　部分国家 $PM_{2.5}$ 改善进程　单位：μg/m³

国家	1990 年	2005 年	2010 年	1990—2010 年下降幅度/%
美国	19	14	13	32
法国	23	16	14	39
德国	31	19	16	48
日本	26	23	22	15
波兰	31	19	16	48
英国	23	15	14	39
中国	49	64	73	−49

数据来源：世界银行数据（http：//data.worldbank.org.cn），笔者整理。

（3）参照发达国家治理时间，考虑我国加大治理力度、开展多污染协同控制，我国空气质量改善进程预计会缩短，经过大规模治理，预计 2030 年左右可将空气治理至接近达标水平。

3.3　发达国家环境质量管理经验

3.3.1　大规模污染物排放量控制之后转向环境质量目标控制

国际环境治理进程表明，在实现大规模污染物排放量控制之后，环境管理应转向以环境质量目标为核心的管理控制。以日本为例，1955 年前日本致力于污染源排放强度控制，1956—1991 年逐步过渡到环境质量和污染物排放强度并重，1992 年后确定为保护生态环境和人体健康、建立可持续发展社会。美国、英国等发达国家，20 世纪 70 年代开始大幅控制二氧化硫排放量，90 年代起转向以降低主要污染物浓度为导向的治理氮氧化物和 VOC 综合治理，用 25～30 年的时间逐步实现环境质量全面改善。我国自“九五”实施总量控制，“十一五”起实施污染物排放总量约束性控制，经过十余年大工程、大治理的不懈努力，主要污染物减排成效明显，四项重点污染物的浓度进入下降通道，部分地区环境质量有所改善。这为环境质量管理创造了物质基础和基本条件，必须加强形势预判、把握规律，尽早、主动地改革转型，调整战略重点，围绕提高环境质量这一核心，坚持目标导向和问题导向，推动环境管理的系统化、科学化、法治化、精细化和信息化水平提升。

3.3.2 在中长期环境保护战略中制定明确的环境质量目标

欧盟水框架指令制定环境质量目标，将指令执行权交给成员国。2000年，欧洲议会和欧盟理事会制定《欧盟水框架指令》（EU Water Framework Directive，WFD），所有欧盟成员国以及准备加入欧盟的国家都必须使本国的水资源管理体系符合水框架指令的要求。水框架指令为各成员国规定了总体目标：2015年使欧洲所有水域达到良好状态。在具体目标设定上，不同水体设定不同的管理目标，允许运用综合的和创新的方法实现目标，避免《欧盟水框架指令》与其他指令在实施上存在冲突①。欧洲水框架指令关注环境结果而非过程本身，指令并不规定达到目标的任务、要求和途径，而是把实施责任和达标途径选择权全部赋予成员国，每个成员国可自行制定任务措施与排污标准，通过最经济有效的方式达到结果②。

美国通过水环境保护战略提出指标要求，由各州具体制定水质标准并落实。美国国家环保局根据《清洁水法》每5年编写一轮战略规划，水环境保护战略规划提出了总体指标要求，包括地表水、地下水、海洋和湿地等，且根据环境状况、污染物治理状况以及科技发展不断改进③。各州具体制定水质标准体系，对辖域内的水体指定用途，根据水体用途和经济社会因素确定水质准则（目标值），根据水质准则制定反退化政策和一般政策。所有内容经联邦审批通过后，构成该州的水质标准④，各州根据水质标准具体开展环境管理，确保水质达标。

3.3.3 管理方法上，开展分空气域、分流域管理

水资源、水环境管理分流域开展。欧盟水环境管理尊重水系流域边界，打破

---

① 杜群、李丹：《〈欧盟水框架指令〉十年回顾及其实施成效述评》，载《江苏社会科学》2011年第8期，第19～26页。

② 施维荣：《欧盟水框架指令简介及对中国水资源综合管理的借鉴》，载《污染防治技术》2010年第23卷第6期，第41～45页。

③ U.S. "Environmental Protection Agency", 2011—2015 EPA Strategic Plan.

④ 韩冬梅、任晓鸿：《美国水环境管理经验及对中国的启示》，载《河北大学学报（哲学社会科学版）》，2014年第39卷第5期，第118～122页。

国家行政边界限制，《欧盟水框架指令》要求成员国按照自然流域边界进行水资源管理，对每个流域都制定相应的整体流域规划（部分流域跨越国界），流域规划评估水体的现状和未来情景、制定管理目标和措施计划，并且自规划公布之日起每 6 年进行一次复查和更新。

大气环境管理分州、分空气域开展。美国大气环境管理将行政区与空气域管理相结合。行政管理分为联邦、州和地方 3 级，州以下实施垂直管理，州环保局派出机构对地方进行监督管理。地方空气质量管理机构业务经费不受地方影响，因此有较强自治权，能够摆脱地方利益掣肘。地方按照空气域实施分区管理，大气环境管理一般跨越行政边界，综合考虑地形、地貌、气象、空气流动等因素划定空气域，设立空气质量管理区，实施统一的大气环境管理[①]。

3.3.4　管理手段上，实施总量—质量联动的精细化管理

建立国家污染源排放清单，实现污染物减排与环境质量改善的响应。美国建立了国家污染源排放清单，在源清单的基础上，利用空气质量模型建立了总量减排—环境质量改善的响应关系。国家污染物排放清单体系完备，包含 309 种污染物的排放量及成分信息，污染源统计范围涵盖点源、面源、移动源、非道路移动源、生物成因和地质成因源。美国对地方上报的排放数据审核极为严格，排放数据要经过地方环保部门、中央数据交换网络、联邦环保局的逐级审核方可进入国家排放源清单。完备、精准的排放源清单作为美国国家和地方空气质量建模的主要输入数据，发挥了基础性作用。

以最大日负荷总量开展精细化、差异化水环境管理。美国将最大日负荷总量（Total Maximum Daily Loads，TMDLs）计划作为保护流域水质的重要措施，从各个子流域水质和生态系统保护目标出发，基于科学系统的分析，确定排污控制要求，对河流实施差异化环境管理。日最大负荷是水体达到水质标准的条件下能承受的污染物的日最大排放量，可看作是使河流达到规定水质标准的污染物削减计划，其最终目的是河流水质达标。自 2000 年开始，美国各州和国家环保局已经在美国全国完成了 2 万多项 TMDLs 项目。TMDLs 计划主要针对已经污染、尚未满足水质标准的水体制定管理计划，在特定时间内对特定污染物建立日最大

---

① 赵华林：《借鉴经验创新大气环境管理工作》，2014 年 7 月 31 日《中国环境报》第 2 版。

污染负荷量，并分配到具体的污染源。TMDLs 项目将总量与质量进行了有机耦合，将污染物削减有效落实到具体污染源，对改善美国流域水质起到重要作用。

3.3.5 考核评估上，将环境质量目标完成情况作为考核要求

欧盟对空气质量不达标的国家限期整改和罚款。2008 年，欧盟理事会和欧洲议会联合批准《欧洲环境空气质量与清洁空气指令》（AAQD，Directive 2008/50/EC），规定了各类大气污染物的浓度限值。该指令具有很强的约束性，当规定期限临近时，欧盟委员会对预期无法达标的成员国提出警告及建议，到期整改后仍无法达标的国家，欧盟委员会将向欧盟法院提起诉讼，超标者按超标时间缴纳罚金，视超标环境功能区大小、人口数量不同，每超标一天处罚几万到几十万欧元[①]。欧洲空气质量标准的各项污染物浓度限值适用于欧盟成员国的任何区域，体现了环境空气质量作为基本生态产品的普适性和公平性。

美国以州为单位考核空气质量，根据达标情况采取差异化环境准入和减排措施。美国 1955 年颁布了《空气污染控制法》，此后美国国会先后通过了《清洁空气法》《机动车空气污染控制法》和《空气质量法》，奠定了治理空气污染的基本框架。《清洁空气法》1970 年修正案建立了以空气质量改善为核心的大气环境管理框架，将空气质量达标责任落实到州，根据各州空气质量是否达到国家环境空气质量标准，划定达标区和未达标区，各州根据自身情况制定和实施“州实施计划”。若“州实施计划”难以达到空气质量标准要求，美国国家环保局有权要求各州重新修订，提出更加严格的环境准入或减排措施。在未达标区获取许可证比在达标地区更为严格，必须执行排污抵消制度，即新增污染物排放量小于现存企业的污染物削减量才能获得许可证，此外企业要采取污染物最低排放率技术，不计成本[②]。

---

① 环境保护部大气污染防治欧洲考察团：《欧盟大气环境标准体系和环境监测主要做法及空气质量管理经验——环境保护部大气污染防治欧洲考察报告之三》，载《环境与可持续发展》2013 年第 5 期，第 11～13 页。

② Steven R. “Brown.In search of budget parity：states carry on in the face of big budget shifts，ecostates”，*The Journal of the Environmental Counsel of States Summer*，2005，pp.3-5.

3.3.6　以严格的排放限值和排污许可证为具体抓手

欧盟以污染物排放指令和排污许可证作为重要抓手。2010 年欧盟制定《工业排放（污染综合预防与控制）指令》（IED，Directive 2010/75/EC），对各成员国依据该指令制定排放标准的最佳可行技术原则做了全面详细的规定。IED 对工业设施（固定源）提出排放控制要求，对移动源提出统一排放标准及配套油品标准。对于 IED 未直接规定排放限值的行业、领域，由成员国通过国内立法补充制定排放标准。此外，排污许可证制度也是欧盟大气污染防治的重要手段，具有高污染排放潜能的新建和已建工业活动设施需获得许可证才能运营，企业需尽量采用恰当技术预防和控制各类污染产生，最大限度减少废弃物排放。该制度在欧盟范围内得到了广泛和有效实施，涵盖了约 52 000 项工业设施的管理，各成员国采取必要措施确保各企业的生产运营符合许可证要求[①]。

美国将许可证和排放限值有效结合，对污染源实施分类管理。美国大气污染许可证制度分类细致、设计严密，具有很强的针对性和操作性。对新源和既有源、达标区和非达标区、重点源和非重点源分类管理。新建或改建固定污染源如果常规大气污染物潜在排放量超过一定值，在建设前须申请获得建设许可证，既有企业如果污染物潜在排放量超过一定值，须取得运行许可证。运行许可证涵盖 6 种常规大气污染物、6 种温室气体和 187 种有害大气污染物。根据固定污染源所在区域的空气质量达标情况，建设许可证分为两大类，一类是针对达标区的 PSD 许可证，达标区新建或改建重大固定污染源在建设前必须取得 PSD 许可证，防止达标区空气质量出现显著恶化，另一类是针对未达标区的 NSR 许可证，在未达标地区新建或改建具有潜在排放量≥100 t 未达标污染物或其污染物前体的排污单位在建设前必须取得 NSR 许可证，以避免影响未达标地区的空气质量改善。许可证有完善的配套标准，PSD、NSR、运行许可证等项目排污许可证对大气污染物提出技术标准和排放标准要求，技术标准是直接针对生产工艺、方法、系统及污染控制技术的要求，而基于技术的排放标准是对排放源末端进行监督控制，要求排放源能够在排放末端达到排放标准，两种标准以许可证为载体，并有效结

---

① 环境保护部大气污染防治欧洲考察团：《欧盟污染物总量控制历程和排污许可证管理框架——环境保护部大气污染防治欧洲考察报告之二》，载《环境与可持续发展》2013 年第 5 期，第 8～10 页。

合，以实现对污染物的全过程控制[①]。

3.3.7 以完善的监测体系支撑环境质量管理

欧盟制定统一的空气监测标准要求，并将环境监测与人体健康、预报预警密切结合。《欧洲环境空气质量与清洁空气指令》在监测点位设置、污染物监测方法、空气质量评价与管理、监测信息交换和空气质量报告等各方面做出了明确的技术规定，是欧盟成员国开展空气质量监测、评价和管理的指导性文件。在监测点位选择方面，各成员国在选定固定监测点位后上报欧盟，由欧盟进行统一监督并优化点位布设。各国监测的空气质量信息通过各种媒介面向公众和相关组织免费发布，如果污染物浓度超标则需要发布更为详细的信息，并提供对人体健康影响短期评价结果。在预报预警方面，为避免空气质量监测在评价污染物超标上的滞后性，欧洲多采用气象预报和基于污染物形成与扩散的计算机模式对空气质量进行预报，如果重污染天气预期不断增强，需要说明超过阈值的区域污染变化情况、分析原因、并提供相应的健康指引。

美国建立完善的监测体系，实施第三方评估确保监测数据质量。美国在空气质量监测方面有地区监测网、州监测网和国家监测网。州和地区监测网有 4 000 多个监测点位，国家监测网有 1 080 个监测点位。监测项目涵盖了国家空气质量标准中的各项污染指标。除此之外，美国针对特定环境问题建立了若干专业性监测网络，其中包括光化学评估监测网、能见度评估监测网、酸沉降监测网、空气状态和趋势监测网等。为保障监测数据质量，美国实施三大专项行动：①国家绩效评估计划，是由空气质量规划与标准办公室以及国家环境研究实验室合作对监测数据进行第三方评估；②数据质量评估与报告制度，提供质量保证信息用以判断数据质量目标和测量质量目标是否达成，该计划主要依托标准污染物的准确和偏差数据评估工作来开展；③环境空气质量保证培训计划，面向内部人员及系统外的监测人员举办培训班[②]。

---

① 黄文飞、卢瑛莹、王红晓等：《基于排污许可证的美国空气质量管理手段及其借鉴》，载《环境保护》2014 年第 5 期，第 63～64 页。

② 李培、陆轶青、杜谡等：《美国空气质量监测的经验与启示》，载《中国环境监测》2013 年第 29 卷第 6 期，第 9～14 页。

3.3.8 尽可能赋予公众参与规划制定和环境监督的权利

公众参与规划制定与评估。《欧盟水框架指令》鼓励公众参与，要求各成员国要确保公众参与咨询并获得背景信息：①至少提前三年公布每个流域管理计划的时间表和工作程序，包括将要采取的公众咨询措施；②至少提前两年公布关于该流域内重要水资源管理事项的中期评审报告；③至少提前一年公布流域管理计划的草案。公众只要提出要求，就有权获得起草流域管理计划所使用的背景文件和信息。各成员国应当允许社会各方至少有六个月的时间以书面形式，对计划草案和这些文件发表意见。

多渠道公开环境质量信息。德国在环境空气质量信息公开方面建立完备的三级环境信息法律体系，三级数据发布相互验证支撑，保障了数据真实性。通过欧盟层面的指导性立法，联邦层面的主干性立法，州层面的支持性立法，形成了“欧盟—联邦—州”三级环境信息法律体系。德国市民至少可以通过 3 种不同的渠道全面了解城市的大气状况。①通过欧盟推广的“欧洲大气一般信息”计划（CITEAIR）浏览全欧盟大气质量地图；②通过德国联邦环境署在全德范围内建立的大气质量监测网络获取信息；③通过城市空气质量监测网络（BLUME），居民可了解到与自己活动区域最为接近的监测站点的地理坐标、建立时间、对各种污染物开始监测的时间、监测点周边环境照片，自建站以来监测数据的历史、该站点所监测到的污染物浓度实时数据，以便为自己和家人提供户外活动的建议[①]。

3.4 国内环境质量管理实践

3.4.1 国家层面

3.4.1.1 国家环境保护规划将环境质量作为引导性指标

从 2001 年起，《国家环境保护“十五”规划》首次在主要计划指标中设

① 高仰光：《透明度源于多元化——德国大气质量信息公开的立法与实践》，载《环境保护》2010 年第 13 期，第 72～73 页。

置 3 项环境质量指标：50%地级以上城市空气质量达到国家二级标准；60%地级以上城市地表水环境质量按功能区划达标；50%地级以上城市道路交通和区域环境噪声达到国家标准。环境质量指标仅作为对全国环境保护工作的一种目标引导，没有分解落实和评估考核措施。

《国家环境保护“十一五”规划》对“十五”环保计划主要指标完成情况的总结中，仅对“十五”提出空气指标进行了总结，对其他两项环境质量指标没有回应。同时，“十一五”规划也提出了 3 项环境质量指标：地表水国控断面劣Ⅴ类水质的比例（%）、七大水系国控断面好于Ⅲ类的比例（%）、重点城市空气质量好于二级标准的天数超过 292 天的比例（%）。“十一五”规划中，将主要污染物排放总量控制指标确定为国家“十一五”规划纲要确定的约束性指标，分解下达到各省、自治区、直辖市，对环境质量指标没有具体分解落实。

《国家环境保护“十二五”规划》延续了“十一五”规划中的环境质量指标，设置了地表水国控断面劣Ⅴ类水质比例、七大水系国控断面水质好于Ⅲ类的比例、地级以上城市空气质量达到二级标准以上的比例 3 项指标，没有具体分解落实。

3.4.1.2　国家污染防治单项规划将环境质量作为考核指标

“十二五”以来，我国在部分专项规划中制定了环境质量指标，并进行考核。在《国家重金属污染综合防治“十二五”规划》（国函〔2011〕13 号）年度考核的 10 个目标指标中，环境质量指标占 3 个，分别为“城镇集中式地表饮用水水源重点重金属污染物达标率、地表水国控断面重点重金属污染物达标率和重点区域水和大气环境质量指标达标率”，强化了环境质量的重要性。

《重点流域水污染防治规划（2011—2015 年）》（国函〔2012〕32 号）制定了具体的水质目标，“到 2015 年，重点流域总体水质由中度污染改善到轻度污染，Ⅰ～Ⅲ类水质断面比例提高 5 个百分点，劣Ⅴ类水质断面比例降低 8 个百分点”和具体重点流域的水质目标改善要求，且年度考核中环境质量的考核占分也达到了 30%。

3.4.1.3　综合性环境管理工作将环境质量作为考核指标

《国家环境保护模范城市考核指标及其实施细则（第六阶段）》中对空气质量、集中式饮用水水源地水质、城市水环境功能区水质、区域环境噪声、交通干线噪声等环境质量指标进行考核，不达标城市将无法获得国家环境保护模范城市的称号。

国家生态市考核指标中对空气环境质量、水环境质量、近岸海域水环境质量、噪声环境质量等指标进行考核。国家生态文明建设试点示范区指标中将环境质量（水、大气、噪声、土壤、海域）达到功能区标准并持续改善作为基本条件。环境质量指标成为创建成果与否的基础性、决定性指标。

3.4.1.4 环境质量监测数据实时发布

目前我国环境质量监测体系和监测网络初步形成，对主要环境质量监测数据实时公开。环境保护部网站对重点城市发布AQI日报和AQI实时报，并公开国家地表水水质自动监测实时数据。中国环境监测总站构建全国城市空气质量实时发布平台，开发了全国城市空气质量手机发布系统，并对京津冀区域环境空气质量形势进行预报。

3.4.1.5 《大气污染防治行动计划》将空气质量作为约束性、核心考核指标

2013年9月实施的《大气污染防治行动计划》（国发〔2013〕37号）是我国实行环境质量管理的重要跨越，首次明确了以改善环境空气质量为核心，以全面改善环境质量作为直接的工作目标，把空气质量改善作为大气管理的核心内容，《国务院办公厅关于印发大气污染防治行动计划实施情况考核办法（试行）》（国办发〔2014〕21号）进一步强化空气质量改善的刚性约束作用，提出对大气污染严重的重点区域实施空气质量改善目标完成情况、大气污染防治重点任务完成情况双考核即“双百分”制，终期考核和全国除京津冀及周边地区、长三角区域、珠三角区域以外的其他地区的年度考核，仅考核空气质量改善目标完成情况。

3.4.1.6 《水污染行动计划》将水环境质量作为最核心指标

2015年4月，国务院发布《水污染防治行动计划》，继续贯彻以环境质量为核心的思想。在《水污染防治行动计划》设定的目标中，到2020年，长江、黄河、珠江、松花江、淮河、海河、辽河七大重点流域水质优良（达到或优于Ⅲ类）比例总体达到70%以上，地级及以上城市建成区黑臭水体均控制在10%以内，地级及以上城市集中式饮用水水源水质达到或优于Ⅲ类比例总体高于93%，全国地下水质量极差的比例控制在15%左右，近岸海域水质优良（一、二类）比例达到70%左右。京津冀区域丧失使用功能（劣于Ⅴ类）的水体断面比例下降15个百分点左右，长三角、珠三角区域力争消除丧失使用功能的水体。到2030年，全国七大重点流域水质优良比例总体达到75%以上，城市建成区黑臭水体总体得到消除，城市集中式饮用水水源水质达到或优于Ⅲ类比例总体为95%左右，全部为环境质量目标。《水污染防治行动计划》的考核，也将环境质量管理

任务落实到具体断面，明确断面水质改善标准，作为考核依据。

3.4.1.7 小结

国家层面的环境质量管理经历了逐步强化、深化、细化的过程：

（1）指标设计由引导性逐步向约束性转变。国家环境保护“十五”“十一五”“十二五”规划中都将环境质量作为引导性指标，没有约束性。而《大气污染防治行动计划》将空气质量作为最重要、最核心的考核指标，终期考核和全国除京津冀及周边地区、长三角区域、珠三角区域以外的其他地区的年度考核，仅考核空气质量改善目标完成情况，充分体现了以环境质量为核心的管理思路。

（2）环境质量管理领域不断扩展。从国家环境保护规划，到国家污染防治单项规划，再到各类创建活动，环境质量管理思路在环境保护各领域都有所体现。

（3）体现环境质量分区、分流域管理。《重点流域水污染防治规划（2011—2015 年）》，对每个重点流域也提出了具体的水质目标；《大气污染防治行动计划》对京津冀及周边地区、长三角区域、珠三角区域、重庆市考核 $PM_{2.5}$ 年均质量浓度下降比例，其他地区考核 PM_{10} 年均质量浓度下降比例。

（4）健全环境质量监测体系，保障数据真实性。环境保护部每日发布重点城市 AQI 日报和 AQI 实时报，《大气污染防治行动计划》中规划建设城市站、背景站、区域站统一布局的国家空气质量监测网络，加强监测数据质量管理，客观反映空气质量状况。到 2015 年地级及以上城市全部建成细颗粒物监测点和国家直管的监测点，为环境质量管理提供了真实有效的数据保障。

（5）建立环境质量多部门协调联动机制。《大气污染防治行动计划实施情况考核办法》中规定，大气污染防治重点任务完成情况包括产业结构调整优化、清洁生产、煤炭管理与油品供应、燃煤小锅炉整治、工业大气污染治理、城市扬尘污染控制、机动车污染防治、建筑节能与供热计量、大气污染防治资金投入、大气环境管理等 10 项指标，涉及发改、工信、住建、能源等多个部门，考核工作也是由环境保护部、发展和改革委员会、工业和信息化部、财政部、住房和城乡建设部、能源局等部门联合开展，将环境质量改善责任落实到多家部门。

（6）将环境质量考核结果作为政绩考核、财政奖惩、项目准入等依据。《大气污染防治行动计划》的考核结果将作为对各地区领导班子和领导干部综合考核评价以及中央财政安排大气污染防治专项资金的重要依据。对未通过年度考核的地区，将暂停该地区有关责任城市新增大气污染物排放建设项目（民生项目与节能减排项目除外）的环境影响评价文件审批，对未通过终期考核的地区，暂停该地区所有新增大气污染物排放建设项目（民生项目与节能减排项目除外）的环境影响评价文件审批。以严格的惩罚机制倒逼地方提高环境质量。

3.4.2　地方层面

地方层面的环境质量管理实践，可总结为在财政奖惩、信息公开、责任落实、监测评估等方面的探索。通过环境质量与财政资金挂钩、环境质量排名公开、环境质量责任落实、环境质量第三方监测、第三方评估等方式形成有效抓手和管理手段，促进环境质量改善。

3.4.2.1　财政奖惩机制：将环境质量与财政资金挂钩

山东、辽宁、浙江等省将空气质量直接与财政挂钩，环境质量好或改善幅度大的奖励资金，环境质量差或退化的惩罚资金，以财政压力倒逼城市改善空气质量。新安江实践体现了生态补偿的思路，通过对源头区加大生态补偿力度，改进政绩考核方式，为环境保护注入活力。

辽宁省 2012 年 5 月印发《辽宁省城市环境空气质量考核暂行办法》（辽政办发〔2012〕27 号），对 14 个省辖市城市环境空气质量每月进行考核，考核结果与财政奖罚挂钩，根据主要污染物超标倍数判处不同数额的罚金，罚缴资金由省财政部门在年终结算时一并扣缴。

浙江省 2013 年 6 月印发《浙江省环境空气质量管理考核办法》（试行），以 $PM_{2.5}$ 数据为依据进行考核，考核结果与经济奖励处罚相挂钩。考核结果在合格以上的，$PM_{2.5}$ 指标年均质量浓度下降的，将按下降程度予以 100 万～500 万元的奖励。考核结果不合格的，$PM_{2.5}$ 指标年均质量浓度上升的，也将按上升程度给予 100 万～500 万元的处罚。年度奖罚方案由省环境保护行政主管部门会同省财政行政主管部门共同提出，报省政府批准后，通过省级生态环保财力转移支付落实。

山东省 2014 年 2 月印发了《山东省环境空气质量生态补偿暂行办法》（鲁政办字〔2014〕27 号），按照“将生态环境质量逐年改善作为区域发展的约束性要求”的原则，根据自然气象对大气污染物的稀释扩散条件，将全省 17 市分为两类进行考核，以各设区的市细颗粒物、可吸入颗粒物、二氧化硫、二氧化氮季度平均质量浓度同比变化情况为考核指标，建立考核奖惩和生态补偿机制，按照给定的公式计算补偿资金额度。

浙江省实行新安江水环境补偿机制，加大生态补偿力度，保护千岛湖水环境安全，仅2011年中央和地方财政就安排补偿资金3亿元，专项用于新安江上游水环境保护和水污染治理，对转变现有政绩考核理念、落实跨界水质保护目标责任制、促进安徽、浙江两省加快经济发展方式转变、建立上下游水污染防治联动机制起到了较好的推动作用和示范效果，为我国其他地区开展跨流域水环境补偿，以及在全国逐步建立健全生态环境补偿机制起到示范作用。

3.4.2.2 信息公开机制：实施环境质量公开排名

四川、山东、广东、河南等省份每月对地级市进行空气质量排名，加大信息公开力度，以排名促改善。2014年四川省发布《四川省城市环境空气质量综合评价办法（试行）》，分每月、半年和全年来对城市环境空气质量状况进行评价。评价范围是全省省控城市环境空气质量自动监测网络中的评价点。评价内容主要包括环境空气质量总体状况、污染物超标情况、城市环境空气质量综合指数3个方面。并对24个省控城市环境空气质量状况按“双轨”（新标准和老标准）进行排序。此外、山东、广东、河南等省份每月对城市空气质量进行排名，客观、公正地评价各城市环境空气质量状况，保障人民群众的环境知情权，提高城市环境质量改善积极性。

3.4.2.3 责任落实机制：将环境质量改善责任落实到党政领导干部

将环境质量改善的任务直接落实到领导干部个人身上，将环境质量与领导干部的政绩直接关联，有效加大政府对环境质量改善的重视力度和工作力度。

浙江省在水环境整治方面实施“河长制”工作机制。以钱塘江为例，钱塘江总河长由浙江省副省长担任，有关市、县政府主要或分管负责人任河段长，形成省、市、县、镇、村五级河长体系。“河长制”工作实行分级考核，考核的重点内容为“河长制”工作开展情况、水环境质量状况、污染物总量减排任务完成情况、“清三河”工作开展情况、重点项目推进情况等5个方面。“河长制”的实行取得了良好效果，各地超进度完成整治任务。

2015年1月，浙江省印发了《浙江省大气污染防治行动计划实施情况考核办法（试行）》，从2015年起，各设区市的环境空气质量和大气污染防治重点任务完成情况与领导干部的升迁挂钩，提高领导干部对大气污染治理的重视程度，促进环境质量改善。

3.4.2.4 监测评估机制：以环境质量第三方监测评估提高真实性、客观性

监测数据的真实性是环境质量管理的重要保障。山东、河北等省份率先尝试将环境监测委托给第三方，江苏率先委托第三方对空气质量进行评估。来自第三

方的监测数据、评估结论，提高了客观性、真实性、有效性，为地方层面改革监测机制、提高评估效能提供了有益借鉴。

2012 年，山东省印发《山东省城市环境空气质量自动监测站 TO 模式推广工作实施方案》，实行“现有设备有偿转让、专业队伍运营维护、专业机构移动比对、环保部门质控考核、政府购买合格数据”的管理模式。山东省环保厅组织公开招标社会化机构购买城市空气站并负责运营维护及设备更新，公开招标社会化机构通过移动监测站对空气站数据进行整体比对，省、市两级环保部门共同对运营单位、比对单位质控考核，共同出资购买符合质量要求的监测数据，监测数据归省、市环保部门共同所有。TO 模式的运行保障了监测数据的真实性，为全省空气质量评价提供了可靠的数据。

2013 年以来，石家庄空气监测站由 15 个增至 49 个，石家庄实行了政府购买服务改革，将全市 49 个空气监测站全权委托给先河公司运营，让其开展仪器维护等运营工作。该公司监测运营操作完全按照环保部制定的详细规范进行，监测仪会自动记录工作人员的每个操作指令，并保存较长时间，环保部门定期检查运营质量，确保数据准确有效。

2014 年 12 月江苏省发布《江苏省空气质量管理评估报告（2014）》，这是我国首份公开发布的省级空气质量管理第三方评估报告，由我国清洁空气联盟牵头完成。报告客观分析江苏空气治理的困难程度，从产业结构、能源消耗、机动车排放 3 个方面 6 个指标，按 5 个等级评估江苏改善空气质量所面临的挑战，并建议江苏改善空气质量，最应关注产业结构和能源消费，宏观层面、微小细节都要更加精准。第三方评估环境质量更加科学、中立、客观，能够更加精准地把脉、诊病、开药，对城市环境质量改善是一个有益的探索。

各省开展的环境质量管理工作见表 3-5。

表 3-5 各省开展的环境质量管理工作清单

省份	出台文件	年份	主要内容
定期公布区域内空气质量排名的省份：北京、天津、河北、山西、河南、黑龙江、辽宁、江苏、浙江、安徽、福建、山东、湖北、湖南、广东、广西、海南、重庆、四川、贵州、甘肃、宁夏、陕西、新疆 未定期公布空气质量排名的省份：内蒙古、吉林、上海、江西、云南、西藏			
考核类			
山西	山西省大气污染防治行动计划实施情况考核暂行办法	2014	分年度和终期考核空气质量改善目标完成情况和大气污染防治重点任务完成情况

省份	出台文件	年份	主要内容
广东	广东省大气污染防治目标责任考核办法	2014	分年度和终期考核空气质量改善目标完成情况和大气污染防治重点任务完成情况
贵州	贵州省大气污染防治行动计划实施方案考核办法	2015	分年度考核空气质量改善目标完成情况和大气污染防治重点任务完成情况
广西	广西壮族自治区环境空气质量管理考核办法（试行）	2014	将PM_{10}年均质量浓度为依据考核并将结果纳入政府领导政绩考核体系
立法类			
江苏	江苏省大气污染防治条例	2015	以保护和改善大气环境为总体目标
北京	北京市大气污染防治条例	2014	以降低$PM_{2.5}$浓度为重点
天津	天津市大气污染防治条例	2015	以实现良好的大气环境质量为目标，地方政府对环境质量负责
陕西	陕西省大气污染防治条例	2013	以保护和改善大气环境为目标，地方政府对环境质量负责
上海	上海市大气污染防治条例	2014	以改善大气环境质量为总体目标
安徽	安徽省大气污染防治条例	2015	保护和改善大气环境和生活环境
财政奖惩类			
山东	山东省环境空气质量生态补偿暂行办法	2014	将地级市每季度的细颗粒物（$PM_{2.5}$）、可吸入颗粒物（PM_{10}）、二氧化硫（SO_2）、二氧化氮（NO_2）季度平均质量浓度同比变化情况作为考核指标，改善奖励，退化罚款，每季度根据考核结果下达补偿资金额度
浙江	浙江省环境空气质量管理考核办法	2014	按年度根据$PM_{2.5}$浓度值及质量浓度同比变化情况实行财政奖惩
辽宁	辽宁省城市环境空气质量考核暂行办法	2012	每月按日考核，按二氧化硫、二氧化氮、可吸入颗粒物浓度超标倍数处以罚款
流域生态补偿类			
福建	福建省重点流域生态补偿办法	2015	按水质分配补偿资金
贵州	赤水河流域水污染防治生态补偿办法	2014	按水质实施上下游双向补偿，补偿金按月核算
河北	河北省人民政府办公厅关于进一步加强跨界断面水质目标责任考核的通知	2012	以跨界断面 COD 和氨氮浓度为依据扣缴生态补偿金
江苏	江苏省太湖流域环境资源区域补偿试点方案	2008	按水质实施上下游双向补偿
安徽 浙江	新安江流域水环境补偿试点实施方案	2011	按水质实施上下游省际双向补偿
河长制			
浙江	关于全面实施河长制进一步加强水环境治理工作的意见	2013	将水质改善与流域整治责任落实到领导

省份	出台文件	年份	主要内容
江苏、贵州、福建、天津、广东等省份，以及合肥、济南等城市都实行河长制			
监测评估类			
北京	北京市社会化环境监测机构能力认定管理办法（试行）	2012	对社会监测机构进行能力认定
山东	山东省城市环境空气质量自动监测站TO模式推广工作实施方案	2012	全省空气监测站招标第三方运营
河北	石家庄空气监测站委托给先河公司运营		
江苏	江苏省空气质量管理评估报告	2014	委托第三方对空气质量进行评价和研究
信息公开类			
河北	河北省环境保护公众参与条例	2015	保障公众对环境保护的知情权、参与权和监督权
河北	河北省环境保护厅环境信息公开管理办法（试行）	2013	明确政府、企业信息公开责任
北京	北京市环境保护局关于开展重点排污单位和上市企业自行监测及信息公开工作的通知	2014	明确重点排污单位和上市企业自行监测及信息公开的内容
山东	关于进一步加强全省环境保护信息公开工作的通知	2013	明确环境信息公开内容细则
广东	关于当前环境信息公开重点工作安排的通知	2013	明确环境信息公开重点，加强公开渠道建设
重庆	重庆市环境保护局关于加强环保政府信息公开工作的通知	2014	响应新《环境保护法》，规范环境信息公开
吉林	政府信息公开社会评议制度	2013	对信息公开开展社会评议

第 4 章
生态环境保护战略

4.1　国家环境保护总体战略

《中国环境宏观战略研究》根据我国的发展经验、资源环境状况、未来发展趋势、国家发展战略和环境需求，提出了中国环境宏观战略目标为：坚持落实科学发展观、转变发展方式，将环境保护作为发展的有机组成部分，大力推进经济社会发展和环境保护协调融合的制度体系建设，统筹兼顾、总体布局、分步实施、重点推进、主动引导，力争在主要能源资源需求总量快速增长以及主要污染物排放均得到有效控制的基础上，逐步实现我国环境质量的明显改善和全面改善，最终将我国建设成为经济与环境良性循环、全面达到世界中等发达国家可持续发展水平的社会主义强国。

长期来看，着眼于环境质量的全面改善和生态系统的完整与稳定的中国环境保护总体战略方向是正确的，基于“十三五”生态环境保护的形势，生态环境总体战略目标应更加明确，着力于促进环境保护和经济社会的协调发展，努力提高国家的可持续发展能力，使人民群众喝上干净的水、呼吸清洁的空气、吃上安全的食物，保障人民群众在良好的环境中生产生活，确保人体健康，全面实现与小康社会、中、高等收入国家水平、现代化社会主义强国相适应的环境质量。

4.2　环境保护中长期目标与阶段重点

4.2.1　中国绿色发展“三步走”战略

环境质量的全面改善以污染物排放量持续稳定下降为基础，污染物排放量持续稳定下降以资源能源消费量大幅度下降为前提，资源能源消费量大幅度下降以发展方式实质性转型为根本。基于此，分析在 2020 年、2030 年、2050 年影响环境的重要因素，对生态环境保护阶段目标指标合理设定、环境质量改善进程、污染排放总量结构、环境风险形势等都有重要意义。

到 2020 年，预期存在中国将基本实现工业化进程、城镇化趋稳、能源低增长、煤炭和重化工业峰值或将到来等积极因素，主要污染物排放将延续减少趋势，但污染累积量大面广、成因复杂、减排潜力下降，但全国预期容量超载形势仍将持续，环境质量得到明显改善，传统的环境问题有望开始得到根治，灰霾天气、劣Ⅴ类水体等社会高度关注的民生型、生活环境问题得到基本解决，实现全面建成小康社会的环境目标，让社会公众提高环境质量改善的获得感。

2020—2030 年，绿色发展、结构优化、人口及能源等压力将会减轻，在坚持不懈地持续大规模治理 25～30 年后，预期主要污染物排放总量会显著减少，灰霾天气、黑臭水体等环境问题有望根治，环境质量有望实现总体性改善，重点解决新型、复合和持久性有机污染物问题并对环境健康有所侧重，但土壤、人体健康保障和生态系统的平衡仍然只能实现有所控制。

2030—2050 年，预期经济社会与环境全面协调、良性循环，生态文明蔚然成风，生态系统健康安全、结构稳定，环境质量全面改善，与富强、民主、文明的社会主义现代化国家相适应。以实现中国梦、美丽中国建设为目标，环境保护外延将扩展，将全面关注人体健康、生态系统等。

4.2.2　生态环境保护中长期战略重点

从环境保护与社会经济发展的中长期战略层面出发，着眼于环境质量根本改善，把中国环境宏观中长期战略分为“三步走战略”，即到 2020 年，要充分利用经济社会阶段转型契机、加大硬软件投入，目标是保环境安全、保小康环境底线，以环境质量改善为主线，实施质量、总量双约束，实施精准治理、科学治理、系统治理。

2020—2030 年，是巩固污染治理成果、全面改善环境质量的关键期，目标是实现环境基本清洁，水、大气基本实现达标，环境风险、人体健康得到保障。

2050 年，最终实现对人类和生态系统的环境健康，实现生态系统平衡与良性循环。3 个阶段的实现目标、控制重点、任务要求依次提高，最终人口、资源、环境、发展全面协调。

我国中长期环境保护目标与战略如图 4-1 所示。

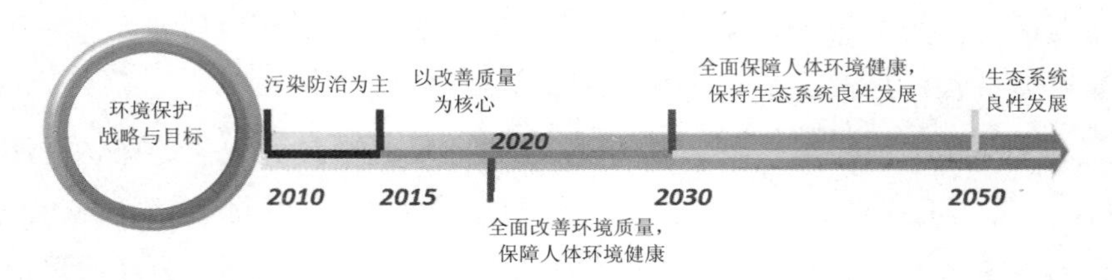

图 4-1 我国中长期环境保护目标与战略

4.3 “十三五”期间环境管理战略

基于以上分析，遵循我国中长期环境保护战略目标，“十一五”期间是以污染减排为核心，“十二五”期间以总量控制、质量改善、风险防范、公共服务为战略任务，在新形势下，“十三五”期间的环境保护管理思路应从达标排放、总量控制向质量改善核心转变，质量、总量、风险协同推进，空间均衡、多污染物协同治理；战略任务要强调质量改善的导向作用，以质量管理为核心，精准的治污减排、系统化风险管控、强调空间生态保护和以制度建设为核心的长效机制建设为重要支撑；控制重点应从增量向增量、存量并重，加强削减存量、治理历史遗留问题转变，确保资源与环境联动，保证生态环境安全；治理方式应从政府主导向社会共治、制衡转变，自上而下与自下而上相结合，政府市场两手发力，倒逼与激励并重；治理要求应由统筹管理向分区分类、精细化管理、精准发力转变，推进基本公共服务均等化。

环境质量管理具有长期性、稳定性，应采取有效手段真正落实环境质量的战略地位，将保护人体健康以及赖以生存的生态系统作为环境法律法规的目标。环境管理的关口，可以分为排污口达标排放管理、排污总量控制到环境质量管理。从中长期环境经济发展趋势来看，以总量控制为主要抓手的环境管理模式受经济发展周期波动影响较大。在经济高速发展的时期，以加大削减量为主的总量控制措施可能事半功倍，在经济发展速度放缓、经济发展动力机制深度调整期间，以遏制新增量为主的总量控制措施可能会落空。而基于改善环境质量、满足人体健康需求的环境管理方式，则具有长期性、根本性，并与公众切身感受关联较大，较能体现控源减排的效率和效果，并能进一步强化污染减排、总量控制的手段效果。

“十三五”期间应尽早确立基于环境质量改善目标的环境管理策略，污染减排和环境风险管理应更多地考虑以环境质量改善导向，形成以环境质量倒逼总量减排、以总量减排倒逼经济转型的联合驱动机制。应适当超前研究，并尽早启动环境质量改善系列活动，建立污染减排、风险防范与环境质量改善的响应关系，对影响环境质量的关键污染因素，有针对性地采取控制措施，合理确定污染减排类型、目标和减排幅度。应尽快建立污染物数据库，评估污染物对人体健康和环境的影响，建模分析排污控制手段的效果，将最有效的措施运用到减排治理中。

推动环境质量约束性指标的落地生根。《国民经济和社会发展“十三五”规划纲要》首次将大气、水两类环境质量指标纳入作为生态环境保护领域的约束性指标，这是一个重大信号，具有划时代特殊意义，标志着我国生态环境保护重点与方向的战略调整，指明了“十三五”生态环境保护工作的核心与方向。约束性指标属政府职责，代表着更多地提供优质生态产品的公共服务承诺。基本的环境质量是一种公共产品，是政府必须确保的公共服务，环境质量约束性指标的提出，代表了政府向社会、向人民的庄严承诺，也可以落实地方政府责任，发挥我国特有机制体制优势。习近平总书记提出“良好生态环境是最公平的公共产品，是最普惠的民生福祉”，标志着政府从关注提供服务过渡到服务结果本身。治污减排是服务、是手段，目前把环境质量即治污减排的结果作为目标，标志着政府环境管理思路与定位的重大转变。

我国治污减排中长期路线见表4-1。

表4-1 我国治污减排中长期路线

指标	“十一五”	“十二五”	“十三五”	2020—2030年	2030—2050年
着力点	以总量控制为核心	三大着力点+环境基本公共服务	以质量改善为核心，污染减排和风险防范更多考虑质量因素、人体健康、生态系统	以质量改善为重点，继续推进污染防治，大力防范环境风险，保障人体健康，考虑生态系统平衡	人体健康、生态系统、环境质量为主
考核机制	总量约束	总量约束，质量指导	以改善环境质量为核心，部分重点区域强化质量约束	质量约束，总量指导，不达标的地区继续强化总量约束	分地区质量约束
约束性控制因子	全国二氧化硫和化学需氧量总量控制，重点区域总氮、总磷总量控制	全国二氧化硫、氮氧化物、化学需氧量、氨氮四项污染物总量控制；重点区域重点重金属、总氮、总磷总量控制	全国二氧化硫、氮氧化物、化学需氧量、氨氮总量控制；重点区域（行业）重点重金属、氮磷、挥发性有机物控制，重点区域细颗粒物、臭氧、氮磷质量控制	全国性质量控制为主，兼顾部分地区部分行业重点污染物总量控制	分地区特征性污染物环境质量控制
控制领域	工业、城市生活	工业、生活、农业（规模化畜禽养殖）、机动车	工业、生活、畜禽养殖和农业非点源污染	农业等非点源污染、工业、生活	农业等非点源污染、工业、生活
重点工业行业	重点行业：电力、造纸	重点行业扩展为工业一般行业（电力、钢铁、造纸、印染、建材）	一般行业向全行业拓展，由电力、钢铁、有色冶炼、建材、化工、造纸行业拓展到石化行业、合成氨、氯碱工业、磷化工、硫化工、焦化行业、染料行业、有色冶炼、热电行业（油、煤）、特种行业（金氰化钾）、矿山油田开采等行业是有毒有害污染物的主要排放源		微量有毒有害污染物的主要排放行业
减排途径	工程减排为主，结构减排为辅	工程减排与结构减排并重	结构减排和中、前端控制为主，工程减排为辅	中、前端控制和生产工艺改造为主，结构减排和工程减排为辅	中、前端控制和生产工艺改造
管治机制	政府为主	政府为主，科技进步、市场化手段为辅	政府、企业、公众共治、地方行政措施、标准政策、市场化手段并重	标准政策、社会参与、市场化手段为主，政府行政手段为辅	更多依赖标准和政策、社会参与

4.4　生态环境领域国家治理体系设计

4.4.1　生态环境领域国家治理体系的内涵

4.4.1.1　生态环境领域国家治理体系提出的背景

党的十八届三中全会首次提出了“国家治理”的概念，明确要求推进国家治理体系和治理能力现代化；同时，要求完善环境治理和生态修复制度，用制度保护生态环境。当前我国经济社会发展进程中，资源约束瓶颈日益加剧，资源环境形势日趋严峻。在此背景下，环境治理体系的现代化已经成为国家治理体系现代化的基础要素。2015 年我国发布了《生态文明体制改革总体方案》，方案中生态文明体制改革目标里也明确提出，到 2020 年，推进生态文明领域国家治理体系和治理能力现代化。

生态环境领域国家治理体系可理解为，在保持我国根本政治制度的前提下，为应对生态退化、防治环境污染、解决环境冲突、促进资源可持续利用而建立的一系列制度的总和，既包括法律法规规定的制度安排，也包括机构设置和职能划分等方面的管理体制安排，还包括激励性、引导性和约束性政策以及非正式性规则。作为国家治理体系的重要组成部分，生态环境领域国家治理体系能够统筹协调行为主体多元化的利益冲突，促进政府与公民社会、公共部门与私人部门在环境保护领域开展持续合作和有效互动，将环保管理由“政府直控”转变为“社会制衡”。

环保工作的根本目的是改善环境质量，为公众提供符合要求的环境公共产品。以环境质量为核心的环境治理是人类实现环境、经济与社会协调发展的治本之策。2016 年全国环保工作会议上，环境保护部部长陈吉宁强调，“紧紧抓住改善生态环境质量这个核心，打好补齐短板攻坚战，理清总体思路，把握前进方向，转变方式方法，加大力度、全力推进，着力提高环境治理水平”。根据我国经济社会发展与环境保护形势的科学判断，环境管理战略转型，特别是以改善环境质量为导向，是推动环境保护更全面地融入经济社会发展全局、促进以环境保护优化经济发展、保障人体健康和生态环境安全的必然要求。从环境治理的目标导向来看，我国正处于以环境污染控制为目标导向的环境治理模式到以环境质量改善为目标导向的治理模式过渡期，这是由我国发展时期和管理水平的变化趋势所决定的。我国经济转型的客观需要与环境问题的复杂性决定了“十三五”时期，环境治理体系必须朝着环境质量目标导向的治理模式发展。以环境质量为核心的环境治理，其主要治理手段不再是实施严格的污染物排放标准和总量控制措施，而是实施更加严格的环境质量标准，以环境质量目标倒逼经济结构的转型，以环境保护优化经济增长[①]。相应地，就要建立适合我国国情的以环境质量为核心的生态环境领域国家治理体系，实现环境管理由被动应对到主动防控的转变。

4.4.1.2 生态环境领域国家治理体系剖析

（1）生态环境领域国家治理体系的“三元结构”。现代化的国家“治理”本质就是善治，即公共利益最大化的治理过程，其特征是国家与社会处于最佳状态，实现政府与公民对社会政治事务的协同治理，促进多元主体的有机合作。同样地，国家环境治理体系也需建立环境管理行为主体的“三元结构”，明晰三者的环境权利与责任，在环境保护过程中，构建3个主体共同组成的开放而整体的系统，借助系统中诸要素间的相互协调、共同作用，调整系统有序、可持续运作，使整个系统共同治理环境保护事务，最大限度地维护和增进公共环境利益。

政府是环境监管的主要责任主体。政府需规定监督和综合考核的制度及实施途径，衡量环保、规划、经济等多部门的协同责任。政府在环境领域的职责自然应包括加强和优化环境公共服务，颁布法律法规和制定公共政策，加强环境监管，弥补市场在环境外部性方面的失灵，加强环境教育；同时还应通过引导、激励、合作等多种方式，为企业营造良好的制度环境。特别需要充分调动并发挥社会团体、社区民众、媒体等利益相关方的积极性，在全社会构建一种促进企业履行责任的外部环境。

企业是环保实践的主要责任主体。企业是环境质量改善的重要执行者，也是贯彻环保规制的核心主体，需并举激励与约束机制，促进企业履行环境责任；企业承担和履行环境社会责任需要企业自治与政府干预的有效结合。

公众是环境保护监督和实践的共同体。公众是环境权利与责任的广义主体，也是环境绩效的主要监督者与衡量者。对于环境治理而言，公众参与是补充政府环境管理力量的一个有效途径，有利于监督企业的不作为，有利于克服政府管理力量不足、地方利益干扰环境执法等问题，同时也是维护和实现公民环境权益、

① 周生贤：《$PM_{2.5}$：环境管理需以环境质量为目标导向》，2012年5月4日《经济日报》。

加强生态文明建设的重要途径。

（2）生态环境领域国家治理体系中的政府主导作用。生态环境领域国家治理体系中，必须要强调政府的主导型作用。构建政府、企业和公众多元参与的环境治理体系是必然趋势，这样才能更有效地促进政府从全能型到有限型、从管制型到服务型的转变。但需要注意的是，在我国的国情之下，中国政府是一个责任政府，如果不发挥政府治权的主导作用，可能会导致无政府主义[①]。保护环境是政府最重要的职责之一，也是现代政府实施公共管理的基本职责之一，党的十八届三中全会《中共中央关于全面深化改革若干重大问题的决定》首次将其作为政府的五大职责之一，特别强化了地方政府的责任。新修订的《环境保护法》立足于推进生态文明和美丽中国建设，在明确社会各方在治理环境和保护环境的义务和责任基础上，突出强化了政府在环境保护领域中的责任。由于环境问题还具有外部性，市场存在固有缺陷，价格信号难以全面反映环境成本，因此政府必须发挥其在环境保护工作领域的主导型作用，依靠一系列政策工具和手段，调节和弥补市场在环境保护中的不足，通过政府与市场、公众的有效合作，形成政府主导、市场推动、企业实施、社会参与的多元共治模式。因此，转变政府职能，合理界定政府权力体系成为国家环境治理的“权威主体”，是实现现代国家环境“多元共治”的关键环节[②]。

现阶段我国国家治理现代化的重点是政府现代化，政府现代化的重点是强化政府能力，划分国家与社会、政府与市场的关系做强政府，并带动市场、社会的制度化与组织化，最终完成国家现代化，进入多元共治的稳态社会。根据这一逻辑与内涵，生态环境领域国家治理体系即可从强化政府环境治理能力的角度构建。根据各国环境保护政府行政管理体制实践，以及我国建立现代国家环境治理体系的要求，我国政府环境管理应包括环保决策、环保执行、环保协调和环保监督等四大主要职责，分别表现为决策力、执行力、协调力和监督力这“四力”的能力建设。这里的“力”是表征政府的权力方向和能力大小的一种“矢量”。只有统筹强化上述四方面的能力建设，才能明确环境管理中政府的职责定位，推进我国生态环境治理体系和治理能力的现代化。

---

① 常纪文：《国家治理体系：国际概念与中国内涵》，2014 年 8 月 8 日《中国科学报》。

② 竹立家：《国家治理体系重构与治理能力现代化》，载《中共杭州市委党校学报》2014 年第 1 期，第 19～21 页。

4.4.2 政府环境治理“五力”原则

政府生态环境治理水平建立在政府公共行政能力基础之上，主要涉及政府的公共物品生产力、决策力、执行力、协调力与监督力[①]。政府这 5 种能力之间具有一定关联性，在具体的环境保护工作中能够形成一个全过程闭环体系。政府参与环境保护工作始于其对社会供给环境公共物品的生产力，为了保护环境公共物品的生产能力与质量，政府要对环境治理做出决策，进而根据所做的决策执行各项任务，在执行任务时需协调各执行部门、各执行区域的具体工作；而在执行、协调各项任务的行为发生后，政府必须对各行为主体进行监督，监督的结果最终又在环境公共物品的生产力上有所体现；之后政府会根据环境治理结果反馈调整环境决策，以此循环。由此可知，政府在治理环境过程中，生产力是基础，决策力是核心，执行力和协调力是关键，监督力是保障，“五力”共同构成政府环境治理的基础支撑（图 4-2）。

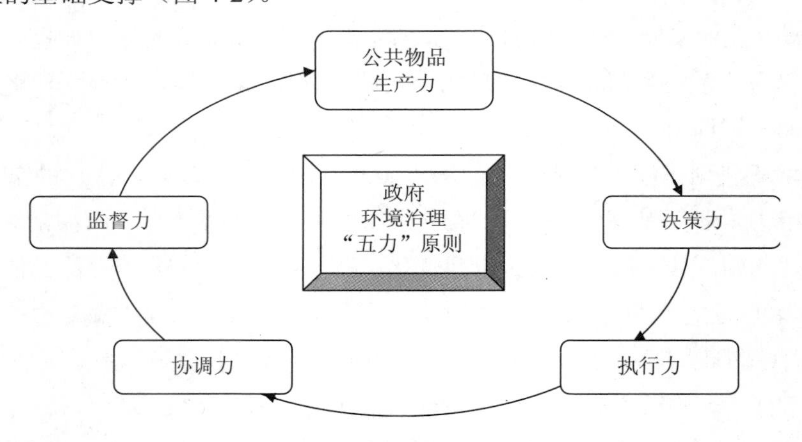

图 4-2 政府环境治理“五力”原则

4.4.2.1 环境公共物品生产力

环境要素是人类赖以生存和发展的物质基础，具有典型的公共物品特性，环境的公共物品属性决定了环境主要由政府提供和配置。第七次全国环境保护大会强调，基本的环境质量、不损害群众健康的环境质量是一种公共产品，是政府应

① 王金南：《运用“四力”法则 推进环保机构改革》，2008 年 5 月 9 日《中国环境报》第 2 版。

当提供的基本公共服务[①]。此外，环境污染和生态破坏又具有典型的外部不经济性。市场本身不具备保护环境的能力，反而经常是环境破坏的动因，因而政府必须承担起保护环境的责任。因此，在全面深化改革、落实生态文明建设、深化政府行政管理体制改革和提高政府公共服务意识等政治、经济、体制和社会背景的影响下，政府须提高供给环境公共物品的能力。

环境公共物品主要包括清洁水、清洁空气、清洁土壤和平衡稳固的生态系统等。政府提供、配置环境公共物品，主要通过两类途径实现。一类是政府通过大量的公共财政投入，建设和运营环境基础设施，组织生态系统保护与建设等重大工程，为百姓提供环境产品和服务；另一类是政府通过建立和培育环境市场，推进环境资源纳入市场经济体制之中，以解决市场失灵导致的环境资源配置的低效率状态的难题。

4.4.2.2　环境保护决策力

环保决策指国家行政机关在处理环境事务时，为了达到环境质量改善等预定目标，根据一定的情况和条件，运用科学的理论与方法，系统地分析主客观条件，在掌握大量相关信息的基础上，对所要解决的环境问题或待处理的环境事务，做出决定的过程。政府的环境决策对环境保护有着至关重要的影响，是从源头上防止环境污染和生态破坏的有效措施，为实现可持续发展提供基本条件和重要保证，决定着地方环境治理的成败。“十三五”期间，为了体现环境质量改善的管理目标导向，必须把环境保护作为决策的重要内容，从源头落实、贯彻实施可持续发展战略，实现政府决策到“绿色决策”的转变。

目前我国政府环境决策力主要体现在三方面：①法律法规的制定。根据立法程序，对与环保有关的法律、法规提出建议，制定环保行政规章，参与审议与环保有关的法规、规章草案和提议；制定、修改、完善相关法律、法规、规章等文件时，考虑环境因素和环境影响，实行综合决策。②环境保护规划的制定。包括国务院拟定国家中长期环境保护规划，制定重要区域、流域的环境保护规划，编制全国环境功能区规划，参与制定国家社会和经济发展中长期规划，审议部门、行业、区域、流域与环境保护和可持续发展有关的发展规划，审议重点城市环境总体规划。③在推广重大新技术、新能源、新材料、新产品、发展核电等对环境有重大影响的事项与工程时，政府实行综合决策。总体来说，地方政府的环境决

---

① 《李克强在第七次全国环保大会上讲话（全文）2011》，中国新闻网，http: //www.chinanews.com/gn/2012/01-04/3580887.shtml。

策机制较为完善，但在涉及环境政策与部门政策和经济政策的一体化方面决策能力表现不足。政府在制定综合决策时，需从环境角度出发，综合考虑国土的环境容量、环境承载力有多大等。为此，政府应着重加强环境保护与发展综合决策机制。

4.4.2.3 环境保护执行力

环保执行力是政府执行力的重要组成部分，指政府为了贯彻落实国家环境保护政策、法律、法规及工作部署的操作能力和实践能力，即执行命令、完成任务、达到目标的能力。环保执行力是一种合力，是由环保执行主体、执行环境、执行客体、执行资源和执行绩效等多种核心要素经过政府机制的整合和相互作用而产生的一种“整合力”①，最终实现环境质量改善的目的。环保执行力是对环保决策贯彻落实的能力，是实现环境治理改善的具体途径，不仅与政府效能和执行的公平性密切相关，同时也对政府的公信力产生影响。

党的十八届三中全会明确指出要加快转变政府职能，切实转变政府职能，创新行政管理方式，增强政府公信力和执行力，这就对我国政府环保执行能力提出了更高的要求。我国政府的环保执行力主要体现为依照环保法律规范，在相关环境政策指导下，严格执行国家环保法律、环境政策、上级决策与指示等，如环境执法、环境审批与环境行政服务过程中的执行等。目前我国存在地方保护主义对环保执行工作干扰的情况，同时由于各地环保执行资源、执法主体能力差异较大，许多地方经费短缺、污染监测装备落后、执法主体素质参差不齐，也导致了环保执行能力的不足。

4.4.2.4 环境保护协调力

生态系统的完整性决定了环境保护要实现部门间的统筹协调管理，环境问题的跨界特征则决定了环境保护要实现地区间的协同管理。生态环境由人类赖以生存和发展的多种要素组成，各要素之间相互联系、相互作用、不可分割，各要素形成的结构和功能关系不能被打破。习近平总书记指出，“山水林田湖是一个生命共同体”，这意味着要重视生态系统各组成部分功能上的密切联系，寻求多种目标之间的平衡，实现整体利益的最大化，建立生态环境要素的综合保护。同时，生态环境又是一个跨介质、跨区域的有机动态整体，生态环境问题不会随着行政区域的划分而割裂，此时环境问题的解决必须由多个区域联合治理。因此，环境

---

① 张一鸣：《当前我国政府执行力建设研究》，中共上海市委党校，2008 年。

保护须对生态环境进行综合协调管理，同时又要强调多区域的联合治理，在遵循生态系统系统性与整体性的前提下，实现生态环境质量的改善。

政府在环境协调方面的主要职责包括负责重大环境问题的统筹协调和监督管理，指导、协调、监督生态保护工作，地方政府间对环境污染联防联控等。我国多个区域在城市大气污染联防联控方面开展了系列工作并取得了一定成效，然而在政府部门间各环境要素保护协调中却存在困难。目前我国生态环境保护职责分散在环保、发改、水利、国土、林业、建设、农业等部门，实际环保工作中，部门间存在“争抢权力而不承担责任”的现象，不仅极大地影响了环保部门对环保工作的协调管理，难以形成国家环境管理整体实力，而且加大了行政成本，降低了行政效率，影响了政府对环境保护工作的协调能力。

4.4.2.5　环境保护监督力

环境监督是建立环境治理长效机制的重要基础，是体现环境管理工作公信力和权威性的重要途径，对提高环境管理行政效能、避免政府不适当的干预具有重要的作用。环保工作中的监督主要体现在两方面：①对地方政府及其有关部门落实环境保护法律法规、标准、政策、规划情况的监督检查。新修订的《环境保护法》对政府环保工作监督做出了明确、具体的规定，提出了九条可能导致“引咎辞职”的具体行为，而对政府的监督实施上，可以由上级政府监督，同级人大也能够监督实施。②地方政府对行业部门和企业排污、环境修复等行为的监督。

我国对环境实行环保部门统一监督管理、相关行政主管部门专项监督管理相结合的监管执法体制，但缺乏统一监管所有污染物排放的环境监管体制，执法主体和监测力量分散，缺乏对地方政府和相关部门进行环境执法监督的职能配置，环境监管难以到位。同时，一些地方保护主义尚未得到有效根治，国家环境保护的政策法规在少数地方得不到坚决有效执行，极大地影响了环保工作的开展。2014 年 11 月国务院办公厅发布了关于加强环境监管执法的通知，部署要求全面加强环境监管执法，严惩环境违法行为，加快解决影响科学发展和损害群众健康的突出环境问题，着力推进环境质量改善。面对目前环保监督工作中存在的问题，我国政府环保监督机制需要做出相应的调整与完善。

4.4.3　生态环境领域国家治理体系设计

政府现代化是国家治理现代化的基石。随着环境保护进入新常态，着力构建生态环境领域国家环境治理体系，要求政府必须顺势而为，突破体制机制瓶颈，提升与之匹配的环境治理能力。在体制创新的载体下，科学设计各项制度机制，统筹政府在环境治理体系中的公共物品生产力、决策力、执行力、协调力和监督力的“五力”建设，形成生态环境领域国家治理体系，才能有效地发挥和提升国家环境治理能力，逐步实现环境质量的改善。本书以政府这5种能力为切入点，建立生态环境领域国家治理体系。

生态环境领域国家治理体系设计的基本思路是：落实地方政府职责，构建权责统一的机制，减轻政府微观职权与义务，提升政府在环境保护中的生产、决策与执行能力。解决日益严重的体制机制制约问题，转变政府职能，改变过去政府“大而不强”的特点，从“无所不管”转向“有限领域”，从“过度干预（越位）”转向“适当干预（定位）”，从公共服务的“缺少干预（缺位）”转向“加强干预（到位）”[①]，警惕环保领域的过行政化倾向[②]，提升政府在环境保护中的协调与监督能力。具体来说，体系的设计核心是强化政府能力来实现政府的现代化，主要从政府与市场的关系、政府与社会的关系着手，依照环境事务多元共治的原则，通过划清国家与社会、政府与市场的边界来做强政府，以亟须突破的关键点为重点，设计政府在环境治理体系中的定位与作用，制定完善的制度与政策，逐步改革，构建完整的、相对清晰的生态环境治理体系。

（1）提升环境公共物品生产能力，发挥政府与市场在环境公共物品生产中的双重作用。界定政府在环境公共物品生产、供给中的作用和干预内容，实现市场与政府互补。简化政府对环境公共物品生产的职能，强化政府对纯环境公共物品生产过程中的资金投入，开展环境公共物品的全过程监管。完善激励市场在准环境公共物品生产的作用，推动市场的制度化与组织化。

建立环保投入作为公共支出重点的政府投入机制，加大对环境公共物品的生产与能力。政府是环境公用物品最主要的提供者，随着对环境质量诉求的提升，公众对环境公共物品的需求越来越大。对于纯环境公共物品，政府需加大资金投入。尽管我国环境保护投入正在逐年增加，但是许多投入都是直接用于环境准公共物品的生产上，真正用在纯环境公共物品上的不多。对于准环境公共物品，政府可以直接投资和融资，建设和运营大气、水、土壤等要素的环境质量监测系统，以此实现对区域环境质量状况等纯粹的环境公共物品服务的供给，据此作为开展

① 胡鞍钢：《中国国家治理现代化》，北京：中国人民大学出版社，2014年版，第128页。

② 傅涛：《警惕环保领域的过行政化倾向》，E20环境平台，2015年。

环境质量改善工作、考核政府环境责任的直接依据；投入资金建设和运营城镇污水处理厂、垃圾处理厂、危险废物处理设施，建设农村地区污染防治设施和农业面源治理，通过对这些准环境公用产品的运营，减少对环境中污染物排放，从而减轻对环境质量的破坏；通过组织生态系统保护和建设等重大工程，如植树造林、退耕还林、退耕还草、湿地保护和生物多样性保护等，开展环境保护和生态环境修复，从增加环境容量的角度实现环境质量的改善。

合理运用市场机制，增加环境公共服务的生产力。完善的环境市场机制可有效引导市场主体参与环境公共物品供给。市场既有追逐经济效益而破坏环境的负面作用，同时也有通过经济刺激而保护环境的正面作用。党的十八届三中全会提出了发挥市场在资源配置的决定性作用，这为改变目前“资源环境红利”支撑增长的局面提供了有益的思路。在完全竞争市场经济中，通过市场价格和供求关系的变化，以及经济主体之间的竞争能引导资源向更加有效、更加合理的方向流动，实现资源优化配置。同时，明晰的自然资源产权是环境资源合理配置的有效前提，通过建立环境资源的产权规则，能够完善环境资源市场，在环境资源产权基础上通过市场交易进行转移、重组和优化。因此，在自然资源使用过程中，建立环境资源产权制度，建立充分反映市场供求、资源稀缺程度及环境损害成本的价格体系，完善环境税费体系，逐步实行环境资源有偿使用及减少污染物排放的价格约束机制，可实现资源自然环境成本的内部化，以此避免排污者将污染成本转嫁给社会，驱动企业参与资源节约、污染防治和环境保护。除了通过上述对市场主体约束来倒逼其环境保护，还可建立激励企业参与环境保护的市场机制。增强中央财政、政府公共投资，引导社会资金投入环保治理；进一步放开公共服务的市场准入，通过贴息、补贴等引导社会资本进入环境保护领域，推行环境污染第三方治理与环境第三方检测模式，推动政府购买第三方服务，实现市场与政府互补。

建立环境资源全过程管理制度，保证环境公共物品的生产能力。环境资源是重要的环境公共物品，政府在其配置与协调的过程中，会对此类公共物品的数量和质量产生影响，因此，政府需加强对水、大气、土壤等环境资源及其提供的生态产品与服务进行全过程管理。在源头上，明确环境资源产权，明晰各类自然资源的所有权和使用权。在使用过程中，建立环境资源用途管制制度，对国土空间内的环境资源按照生活空间、生产空间、生态空间等用途与功能进行监管，确保环境资源本身的生态产品供给能力；建立反映环境质量的环境资产负债表，为政府改善当地环境质量提供指导。在后果上，建立生态环境损害责任终身追究制，领导干部盲目决策造成生态环境严重损害的，要严格追究其责任；建立环境资源损害赔偿制度，针对企业和个人违反法律法规、造成环境资源严重损坏的行为，要严惩重罚，加大违法违规成本，对造成严重后果的，要依法追究刑事责任。

（2）建立国家高层次环保决策机构，增强环境保护决策能力，提升决策权威性。随着环境质量改善需求的日益迫切，政府在环境保护工作中的科学决策显得越发重要。从国家层面提升政府环保决策的权威性，将环境保护的理念嵌入国家意志，实施权责统一和综合决策，通过机制变革落实经济社会发展与环境保护相协调，对促进各部门执行环保职责能够起到重大的作用。

在国家最高层次设立国家环境保护委员会，促使部门利益服从社会整体利益。环境问题具有系统性，环境问题的产生涉及众多部门、行业和领域，涵盖社会、经济等各个方面。政府为了解决环境问题，需要做出相对权威的环保决策，才能有效促进各部门在环境污染防治与环境质量改善中的配合与协作。考虑到环境保护是生态文明建设主阵地的战略地位，建议从国家最高层开始，在国务院设立“国家环境保护委员会”。委员会主要任务包括研究、审定、组织贯彻国家环境保护的方针、政策与措施，对国家环境与发展领域的重大问题进行决策，组织协调、检查和推动我国的环境保护工作。委员会由国务院领导成员和有关部、委、局、直属机构及有关事业单位的领导成员组成，办公室设在环境保护部。委员会主任由国务院领导成员兼任，副主任由环境保护部部长兼任，委员由其他委员会成员担任的部长、副部长或主要领导成员兼任。目前我国部分地区在不同层级政府建立了环境保护委员会，分别负责组织贯彻本级政府在环境保护中的重大决定。地方环境保护委员会通常由政府二把手领导人担任主任，政府体系中各部门主要领导担任环境保护委员会成员。

专栏 4-1　国务院环境保护委员会

国务院专设的环境保护领导机构。1974 年 5 月建立时为国务院环境保护领导小组。此时以中国政府名义加入联合国环境规划署，并成为该署理事会的 58 个成员国之一。小组下设办公室。1982 年 5 月国家机构改革时成立城乡建设环境保护部，将领导小组的办公室改为该部的环境保护局。1984 年 5 月 8 日成立国务院环境保护委员会，其任务是研究审定有关环境保护的方针、政策，提出规划要求，领导和组织、协调全国的环境保护工作，国务院环境保护委员会的办事机构设在城乡建设环境保护部。1988年国家机构改革中，环境保护局升格为国务院直属机构，该委员会继续保留，并从组织上予以扩充。委员会主要任务是，研究、审定、组织贯彻国家环境保护的方针、政策和措施，组织协调、检查和推动我国的环境保护工作。委员会由国务院领导成员和有关部、委、局、直属机构及有关事业单位的领导成员组成。主任由国务院领导成员兼任，副主任和委员由委员会成员单位的部长、副部长或主要领导成员兼任。委员会的办事机构是国家环境保护局，负责日常工作。委员会的机关报是中国环境报。委员会聘请若干名专家顾问。从1989年10月起，委员会建立联络员制度，定期与联络员联系，以保证及时掌握有关情况和协调关系。

推动环境与发展相融合的综合决策模式，充分发挥环境保护优化经济发展的作用。目前我国各地对于环境与经济发展的关系处理还存在较多问题，“先经济、后环保”现象仍然突出。环境保护主要通过环境准入和环境影响评价来参与经济社会发展综合决策，存在参与面不宽、参与力度不强、参与深度不够、参与程序不完善等突出问题，缺乏有效的参与机制和手段。对此，建议建立国家层面的综合决策机制，国务院加强各部门间政策的统筹协调，可由国家环境咨询委员会牵头组织。制定国家综合决策过程中应充分论证与协调，在制定国民经济社会发展战略规划、产业政策、经济结构调整等重大经济、技术政策过程中实行综合决策，要把资源消耗和环境影响作为重要的因素考虑，将区域环境禀赋作为决策制定的基本依据。机构组织实行重大决策、政策的环境影响评价，推进规划环境影响评价，确定区域开发和重大建设的环境准入条件和环保要求，确保环境经济政策、污染物排放总量控制等实现与经济部门、产业部门政策的一体化。此外，完善政府环保参与综合决策程序，加强决策的制度建设，建立重大决策的专家咨询制度、社会听证制度、决策的论证制度和决策的责任制度等，对环保决策、特别是政府重大决策程序和制度进行立法，以此保证政府环保决策的科学化和民主化，通过决策立法来保证决策程序和制度得到遵守和落实。

（3）建立党政、多部门的多元主体环境保护执行机制，增强环保执行力和执行效果。国家环境治理体系中，对环境决策的执行是推动环境保护动态发展的必要条件。对于环保决策的执行主体，地方各级党政领导应当对本行政区域的环境质量负责。对于各部门的环境保护执行职责，以权责统一对等为原则，环保部门要依法对环保工作实施统一监督管理，保护和改善生态环境，防止污染和其他公害；其他各部门应实行本职业务和环境保护工作双重责任制度，强调环境责任共同追究。同时，发挥政府与市场在环境保护中的双重作用，形成有效合力。

全面考虑党政领导的分工与责任，自上而下推进环境保护"党政同责"体制的顶层设计。环境保护是高于民族、国家、政党的最高利益，环境恶化将直接威胁到民族和国家的根本利益，环境责任是执政党和政府的第一责任①。2015年，中央全面深化改革领导小组第十四次会议审议通过了《环境保护督察方案（试行）》《关于开展领导干部自然资源资产离任审计的试点方案》《党政领导干部生态环境损害责任追究办法（试行）》等文件，紧紧抓住领导干部这个关键环节，加强督导完善考核，将生态政绩考核纳入干部考核管理体系中去，通过终身追责的办法惩处损害生态环境的干部，从顶层设计上强化了地方政府的环保主体责任。2016年，中央环保督察组正式亮相，其督察的对象，主要是各省级党委和政府及其有关部门；督察结束以后，重大问题要向中央报告，督察结果要向中央组织部移交移送，这些结果作为被督察对象领导班子和领导干部考核评价任免的重要依据。目前，"党政同责"已在我国安全生产工作领域得到有效实践。2013年，习近平总书记指出安全生产工作必须坚持"党政同责、一岗双责、齐抓共管"。截至2014年5月，32个省区市中有22个省市已经研究制定出台了安全监管"党政同责、一岗双责、齐抓共管"的正式文件，建立了相应机制。在我国现行行政体制下，地方政府"党政一把手"在项目批准建设中起着至关重要的作用，同时也是地方环境保护最重要的利益相关者。因此，环境保护不应只是地方政府的责任，还需要地方党委的支持。对此，需从源头上纠正政府部门的政绩观，明确环境保护党政同责，建立地方政府"党政一把手"环境问责体系，党委主要负责人对环境保护工作承担领导责任，地方政府主要负责人对环境保护工作承担第一责任。

明确党政领导的职责分工。将环境保护工作纳入党委、政府的总体工作目标，共同规划、共同部署、共同考核、共同推进、共同落实。党委要领导和督促组织部门积极选拔领导干部到环保工作岗位上去；领导和督促环保宣传教育工作，宣传国家关于环保工作的方针与政策，曝光环境事故和环境违法行为；领导和督促本级纪委监察部门积极履行纪检监察职能，严肃查处环境事故背后的渎职、失职

① 常纪文：《推动党政同责是国家治理体系的创新和发展》，2015年1月22日《中国环境报》。

和腐败行为。政府要研究制定环保工作总体规划、年度计划并纳入任期目标，经常了解环保工作情况，分析环境形势，协调、解决环保工作中的重大问题，研究做出环境事故处理和责任追究决定，按照“谁主管，谁负责”的原则，领导和督促政府部门抓好环保工作。同时，建立环境保护督查专员制度，党委和政府中新提任的领导干部必须到环保部门担任环保督查专员。一旦地方发生环境问题，或环境质量没有达到预期目标，地方党委不能推卸责任。如果决策有问题，地方党委要承担责任；如果决策没有问题，执行中出了问题，就应该由地方政府来承担责任。进一步明确相关职责，划分地方党委、地方政府、业务部门的环保事权。除党政领导外，执行层面、技术层面等相关单位和人员也需明确责任范围，避免出现责任缺位现象。

专栏 4-2　浙江党政领导强化环境保护第一责任人的意识

2010 年，中共浙江省委十二届七次全体会议审议并通过了《中共浙江省委关于推进生态文明建设的决定》，在推进生态文明建设、发展生态经济、优化生态环境等方面做出了要求，并指出要加快构建党政领导班子和领导干部综合考核评价机制。

2012 年，浙江省委书记在省第八次环境保护大会上强调，环保是考核干部的硬指标，要建立健全环境保护的长效机制，加强组织领导，强化落实责任。党政领导要强化环境保护第一责任人的意识，坚持亲自抓、负总责；要完善考核指标体系和考核办法，建立符合生态文明要求的生态环保工作考核机制，切实把节能减排作为促进科学发展的硬任务、转变经济发展方式的硬举措、考核干部的硬指标；要严格执行环境保护责任追究制，对地方政府未完成环境保护目标责任、未考虑环境影响造成决策失误、处理不当造成重大污染事故等情形，要进行严格问责。

2014 年在全国生态文明建设现场会上，浙江省副省长指出，浙江省成立以省委书记为组长、省长为常务副组长、40 个部门主要负责人为成员的生态省建设工作领导小组，形成党委政府领导，人大、政协推动，相关部门齐抓共管，社会公众广泛参与的工作格局，并建立了严格的考核机制，作为评价党政领导班子和领导干部实绩的重要依据。

构架政府体系内的“一岗双责、齐抓共管”的环保责任体系，促进环境保护的权、责、利的统一。《环境保护督察方案（试行）》要求全面落实党委、政府环境保护“党政同责”“一岗双责”的主体责任。环境保护中，各企事业单位是其环保工作的责任主体，应对其环境污染或生态破坏行为负责；政府及其有关部门是环保的监督管理主体；各级人民政府环保部门是对环境保护实施统一监督管理的机关；各级政府有关部门在各自职责范围内，应对环境保护实施监督管理。这就意味着，政府体系内相关部门，除了做好本职工作，也具有在各自职责范围内对环境保护工作实施监督管理、承担环境保护的责任，同时抓好业务和环境保护两项工作，即履行“一岗双责”。目前，我国仅福建省、云南省等部分地区开展了环境保护的“一岗双责”尝试，全国范围内有关行业主管部门的环保“一岗双责”并未全面得以落实，环境保护还没有真正形成“齐抓共管”的局面。落实“一岗双责”，就是政府及有关部门的主要负责人担任本行政区域、本部门职责范围内环境保护工作的第一责任人，对环境保护工作负全面领导责任；分管环境保护工作的负责人对环境保护工作负综合监管领导责任；其他负责人对分管业务工作范围内的环境保护工作负直接领导责任。具体来说，各地方执行“一岗双责”。

- ☞ 细化地方政府和各相关部门的环保职责：对各级人民政府、环境保护、发展和改革、教育、科技、经济贸易、公安、监察、民政、司法行政、财政、人力资源与社会保障、国土资源、住房和城乡建设、交通运输、农业、林业、水利、海洋与渔业、对外贸易经济合作、文化、卫生、国有资产监督管理、公务员管理、工商行政管理、质量技术监督、广播电视、安全生产监督管理、统计、旅游、物价、信息化、政府新闻、政府法制、气象、地震、通信管理、铁路、民航、银行业、保险监督、电力监管、海关、检验检疫等各部门环境保护监管职责进行分工和界定。
- ☞ 强化责任落实保障措施：在分解落实环保职责时，各级人民政府应当向本级人民政府有关部门和下一级人民政府下达环境保护目标责任，并逐级分解、层层落实，建立环境保护责任考核制度和考核指标体系，确保实现年度环境保护工作目标。下一级人民政府和本级人民政府有关部门应当认真贯彻落实环境保护工作部署，定期向上级政府和本级环境保护委员会报告环境保护工作情况。在执行过程中，各部门要建立相关的环境污染防治与监督检查制度，实现对自身环境污染隐患排查的自监督，切实做到管行业必须管环保、管业务必须管环保、管生产经营必须管环保的"齐抓共管"的良好态势。

☞ 加强各部门环境保护责任落实情况的监督和考核:《环境保护法》中明确规定环境保护主管部门"对全国环境保护工作实施统一监督管理",因此建议环保部门开展实施监督,监督各部门执行国家有关环境保护的法律、法规和政策的情况,尤其是资源行业管理部门的开发活动。国务院应制定相关行政法规,赋予环保部门监督同级政府相关部门及下级政府环保工作的权利,确保环境保护部门的权威、能力和资源与其监督管理职责及任务相匹配。上级人民政府应当对本级人民政府有关部门和下一级人民政府环境保护责任目标落实情况进行跟踪落实与年终考核,并予以通报,对认真履行职责、工作成绩显著的给予表彰奖励。考核结果作为对领导干部领导能力的评价依据及提拔和使用干部的重要标准。

专栏4-3　我国环境保护监督管理"一岗双责"的地方尝试

福建省印发实施了《福建省环境保护监督管理"一岗双责"暂行规定》(闽政〔2010〕1号),对各级政府和40多个省直属部门环保监督职责做出明确规定,并将其纳入领导干部年度政绩考核,作为对领导干部领导能力的评价依据及提拔和使用干部的重要标准。该规定是目前国内第一次以省政府规范性文件形式,对政府和相关部门环境保护监管职责的一次尝试性的分工和界定。它较为明确地细化了环保部门对环境保护工作"统一监管"的职责与其他部门"职责范围内监管"的职责,有助于协调和整合各部门力量,进一步促进福建省环境保护工作的顺利开展;同时有助于澄清社会公众将环境保护工作监管职责统归于环保部门的认识误区,有效改变和提高环保部门的社会形象。

云南省政府于2010年2月发布了《关于全面推行环境保护"一岗双责"制度的决定》,要求各有关部门把环境保护工作融入经济、社会建设的各个方面,在各自职责范围内,对环境保护实施监督管理;环境保护部门对环境保护工作实施统一监督管理。公安、交通运输、铁路、民航管理等部门,依法对环境污染防治实施监督管理。国土资源、矿产、农业、林业、水利、旅游等部门,依法对资源的保护实施监督管理。发展改革、工业信息化、教育、科技、监察、民政、司法、财政、人力资源社会保障、住房城乡建设、商务、文化、卫生、国有资产监督管理、工商行政管理、质量技术监督、安全生产监督管理、广播电视、新闻、法制、海关、检验检疫、通信管理、地震、气象、电力监管、银行业监督管理、保险业监督管理等部门，负责做好环境保护工作，加强环境保护监督管理，进一步完善层层互保、层层联动和横向到边、纵向到底的环境保护责任制体系。

（4）统筹协调推进部门间、区域间环保工作，以协调促进环保决策的执行。随着环境保护执政理念的不断深化，生态文明正在引领新的价值观，各部门在环境保护的职能上也逐步强化。2015 年发布的《水污染防治行动计划》中，明确了环保、发改、科技、工业、财政、国土、交通、住建、水利、农业、卫生、海洋等多个部门在每一项任务上的职责，并提出要求建立全国水污染防治工作协作机制。建立统一的环境管理体制是构建环境治理体系的重要组成部分，由于涉及不同部门的职能权利，调整难度较大，因此可以首先统筹协调各部门在环境保护工作中的力量，转变过去环境管理交叉、错配的现象；条件成熟后，逐步突破体制机制，调整或整合相关环保职能，探索环保大部制。

从国家层面协调中央各个部门的力量，形成高效环保合力。为了确保我国环保工作落到实处，改变过去环境保护工作环保部门孤军奋战，出了环境问题其他部门躲、环保部门承担责任的被动局面，必须建立各部门的环保工作协调机制：联合环保、工商、卫生、林业、金融、电力等部门建设横向的联动协作体系；环保部门联手公、检、法三部门，加强行政执法与刑事司法的衔接；统筹陆海环保工作，推进环保部门与海洋部门间的协作模式，解决陆上污水排放超标超量、海洋海岸工程建设违规、船舶污染排放等问题。依托“国家环境保护委员会”，建立国家级环境保护高层议事协调机构，以实现不同环境部门之间、地区与部门之间、环境部门与资源部门之间、环境部门与经济发展部门之间的议事协调机制。通过法律授权国家环保行政主管机构具有部门间的环保工作协调职能，代表国家行使仲裁、协调、处理部门间、省际、跨流域环境保护问题等协调职责。国家环保行政主管机构，依法对环境保护高层议事协调机构中的各成员部门执行环保协调工作，具体包括如下 3 个方面工作：协助国务院协调处理国家环境保护事务，负责政府部门机构间的环境事务以及相应协调机构（如部际联席会议）的运作；协调处理跨省跨区域环境保护问题，协调处理跨流域水环境保护问题，建立流域和区域生态环境保护协同机制；代表国家履行或协调履行国际环境公约。

专栏4-4　国家食品安全委员会

为贯彻落实《中华人民共和国食品安全法》，切实加强对食品安全工作的领导，2010年国务院决定设立国务院食品安全委员会。国务院食品安全委员会作为国务院食品安全工作的高层次议事协调机构，共有15个部门参加。委员会主任由国务院副总理担任，委员分别由国务院、发展改革委、科技部、工业和信息化部、公安部、财政部、环境保护部、农业部、商务部、卫生部、工商总局、质检总局、粮食局、食品药品监管局、国务院食品安全委员会办公室等相关领导担任。该委员会的主要职责是：分析食品安全形势，研究部署、统筹指导食品安全工作；提出食品安全监管的重大政策措施；督促落实食品安全监管责任。同时，设立国务院食品安全委员会办公室，具体承担委员会的日常工作。

打破行政体制的分割，建立区域环境保护联动协作模式，实现地域空间的整体性环境保护。由于水、大气污染具有明显的流动性、区域性和复合性特征，工业固体废物可随着产业转移而跨地区转移，土壤污染影响能通过农产品流通而扩散，建立环境保护区域联防联控机制十分必要而紧迫。目前，我国在大气污染防治方面已陆续建立京津冀、长三角、珠三角等重点区域联防联控协作机制，在水污染防治方面也将促进海洋环境保护与流域污染防治有效衔接，建立跨区域生态环境协调机制。因此，应本着各方平等的原则，打破行政体制的分割，以环境质量改善为最终目的搭建区域环境保护联动协作机构，由区域内省级人民政府和国务院有关部门参加，以此适应环境污染的流动性、区域性和复合性等特征，解决跨省市区域和流域污染纠纷。区域环保联动协作机构的主要职责为：负责对区域环境与发展领域的重大问题进行协调与决策，研究加强区域联动、共同改善区域环境质量的对策，研究确定区域环境保护的工作要求、工作重点和主要任务，协调解决区域突出环境问题，组织实施环评会商、联合执法、信息共享、预警应急、重大生态环境工程建设等环境保护和污染防治措施，通报区域环境保护工作进展与改善措施实施效果。

专栏 4-5 京津冀及周边地区大气污染防治协作小组

2013 年 10 月，在北京、天津、河北、山西、内蒙古、山东六省（自治区、直辖市）以及环保部等中央有关部委的部署下，京津冀及周边地区大气污染防治协作小组成立。小组成员单位除了六省（自治区、直辖市），还包括国家发展和改革委员会、工信部、财政部、环境保护部、住房和城乡建设部、国家气象局、国家能源局等中央部委。小组办公室设在北京，办公地点在北京市环境保护局。办公室主任由北京市一名副市长和环境保护部一名副部长共同担任；办公室副主任由北京市环境保护局局长、环保部污染防治司司长、六省（自治区、直辖市）政府主管副秘书长或环保厅（局）长、国务院有关部委司局长担任。

根据“责任共担、信息共享、协商统筹、联防联控”的工作原则，协作小组确定了重污染应急、信息共享等工作制度，并印发《京津冀及周边地区大气污染联防联控 2014 年重点工作》。主要工作内容包括：推动区域联防联控，统一区域的油品标准；编制区域空气质量达标规划，提出分阶段推进的区域空气质量改善目标和措施；逐步搭建起京津冀及周边地区空气质量预报预警平台，建立区域空气重污染预警会商机制，区域重污染预警信息发布与应急响应机制，共同应对区域大范围空气重污染等；成立区域大气污染防治专家委员会，指导区域内污染成因研究等工作，提高区域治理大气污染技术的针对性；落实北京、天津、河北、山东四省市分区域、分时段组织实施应急减排措施，保障 APEC 会议空气质量等。

专栏 4-6 南京青奥会大气环境保障工作

为保障 2014 年 8 月青奥会期间的空气质量，南京市于 2013 年 12 月，与周边镇江、扬州、淮安、芜湖、马鞍山、滁州、宣城、常州、泰州九市的环保部门负责人在“绿色青奥”区域大气环境保障合作协议的基础上，签订了青奥会大气保障协议。十市约定，青奥会召开期间，将在控制机动车污染治理、治理挥发性有机物污染、控制扬尘污染、控制秸秆焚烧、建立区域大气环境信息共享与发布制度、建立赛事期间区域大气环境应急联动机制等方面开展合作，确保青奥会期间南京空气质量达标。2014 年 7 月，环保部下发《第二届夏季青年奥林匹克运动会环境质量保障工作方案》，为了保障“绿色青奥”，江苏、安徽、浙江和上海市三省一市共计 23 个长三角联防联控城市领到了相应的环保任务。根据该方案，在空气质量保障方面，23 市要实行 10 项保障措施，包括工地部分停工、重工业限产、汽车限行管控等，保证了青奥会期间南京空气质量“优良”。据统计，整个 8 月，南京市的 PM_{10} 和 $PM_{2.5}$ 排放量比平时分别减少了 3 764 t 和 1 750 t，下降比例达到 44%和 36%。

（5）显著提升环境保护监督能力，通过监督约束地方政府落实环境质量责任。新修订的《环境保护法》强化了政府环保责任，让地方政府来平衡经济发展和环境保护的关系。同时，在“法律责任”一章规定，“上级人民政府及其环境保护主管部门应当加强对下级人民政府及其有关部门环境保护工作的监督”，并具体列出了应当受到处分的 8 种行为。随着《环境保护督察方案（试行）》《关于开展领导干部自然资源资产离任审计的试点方案》《党政领导干部生态环境损害责任追究办法（试行）》等文件的发布实施，以及环保“中央巡视组”进驻河北约谈书记、省长，可以看出，我国对地方政府及其有关部门履行环保职责的约束力度在逐渐加大。但是由于特定社会经济发展历史阶段的环境保护形态和立法制度规定，目前我国环境监管仍表现出主体不独立、监管能力低等特点，环境监管力量与日益繁重的环保任务不相适应，“十三五”期间，为了切实落实地方政府的环境质量负责制，可从环境监管体制改革着手，提升环境管理手段的有效性，增强治理能力。

国家层面，在“国家—省—地市”三级环境监管执法机构实行相对独立的双重领导体制。我国地方环保部门的领导体制是以地方政府为主、上级环保部门为辅的双层领导体制，上级环保部门的考察监督作用流于形式，地方环保部门的监管与执法被严重削弱，影响了环保部门的权威性和公信力，环保部门在实际监管执法中容易受到地方政府的干扰。新《环境保护法》明确了环保部门的监管执法地位，强化了执法手段，为环境监管体制改革奠定了一定基础。对此，为了落实新《环境保护法》的监管执法制度，地方各级环保部门对下级人民政府及同级其他部门的生态环境监管和行政执法工作实施监督检查。上级环保部门严格对下级环保部门生态环境执法工作进行稽查，纠正地方政府对生态环境执法不当干预行为。地方生态环境监管执法机构对本级环保部门和上一级生态环境监管执法机构负责，生态环境监管执法机构主要负责人经征求本级人民政府意见后由上级环保部门确定，其他人员配备、干部任免等行政管理方面主要由本级环保部门决定。执法业务以上级生态环境监管执法机构领导为主。在本级人民政府的有关规定与上级环保部门有关规定不一致时，按照上级环保部门的规定执行。地方各级环境执法机构经费由同级财政部门予以保障。同时，改革创新实施体现环保要求的党政领导干部政绩评估考核体系和问责制度，将环境质量目标纳入官员绩效考核体系，建立起对地方政府经济社会发展中严重偏离环保执行行为的纠偏机制，形成对官员考核的压力与动力；实施环境信息全面公开，将环境治理对象和治理进程向社会主动公开，让百姓监督政府环保工作的开展。

专栏 4-7　张家港将生态文明建设纳入党政实绩考核

张家港作为首批"国家生态文明建设试点地区"，强化绿色行政，突出机制创新，让生态文明建设逐步落实到党政干部决策、管理、执行等各环节。政绩考核上，率先推出绿色GDP考核机制，严格实行经济、环境双重指标考核，做到既考核GDP，又考核COD。2013年出台了《生态文明建设绩效考核实施办法》，将生态文明提升为政府行政决策考量的关键因素，确保生态文明建设占党政实绩考核分值达30%以上，考核结果作为党政干部评先创优、选拔任用的重要依据。

区域层面，针对重点区域成立大区督察中心，协调区域内环境联合监察、执法等监督工作。环保部门主要的环境监管和执法力量基本是由国家环境监察局到区域环保督察中心、环境监察总队、环境监察支队、环境监察大队的五级体系构成。每一层级的管理权限并没有明确的划分，而且处于基层的环境监管主体在权利、专业设备、技术人员等方面也存在不足；同时，上级环保部门对于下级环保部门监督的关系并未理顺，不利于环境监管与监督的开展。实施国家环境总督查制度，可以推进区域环境监管力量与基层环境监管力量的衔接，强化对地方政府环境工作监督的强制性和约束性。因此，建议授予区域环境督查机构对地方政府执行国家环境保护政令、履行环境保护责任的监督权利，上级环保部门加大对下级环保部门环境监察执法工作的稽查力度。监督地方政府对国家和地方环境保护计划、环境保护专项规划和环境功能区规划的实施情况，对地方政府环境保护工作绩效开展考核。此外，建立实施主要领导干部中、离任环境审计与责任追究制度，以任职期内贯彻落实环境保护政策法规的绩效和环境质量变化情况作为审计的主要内容，环境审计不合格者不得提拔任用，对盲目决策、不顾生态红线的行为要终身追责。

专栏4-8 湘江流域政府“一把手”实行生态环境损害责任终身追究制

2013年9月，湖南将湘江保护与治理纳入政府“一号重点工程”，以“堵源头”为重点，划出更为严格的保护“红线”。湘江保护与治理涉及沿江八市，省政府在推进八市联动、实现“一江同治”过程中，在省级层面成立了湘江保护协调委员会和湘江重金属污染治理委员会，实行“两块牌子、一套班子”，指导协调相关部门和市县推进“一号重点工程”。根据湖南日报问卷调查得出的“95.75%的被调查者认为保护与治理湘江主要依靠各级政府”结果，湘江沿线各级政府一把手总负责，亲自部署、亲自检查、亲自落实。对湘江流域的污染治理，率先对各级政府一把手实行生态环境损害责任终身追究制，以贯彻落实党的十八届三中全会和习近平总书记关于建立环保终身责任追究的重要讲话精神。

地方层面，实施省以下环保机构监测监察执法垂直管理制度改革。现行环境监管体制中，确定了地方各级环保部门受到上级环境行政主管部门业务上的监督和指导，但却缺乏相应的监督考核体制作为保障，相对比较松散；地方环保部门的人、财、物直接受到地方政府的控制，而现行的地方官员任命、政绩考核体制决定了地方官员任期内难以重视环保。党的十八届五中全会明确提出，要求实行省以下环保机构监测监察执法垂直管理制度。对此，本着坚持精简、统一效能和从实际出发的原则，调整市县环境保护部门的职能，将县级环保局改组为市（地）级环保局的派出机构，改善执法环境，加大环保投入，强化环保队伍和能力建设，增强环境执法监管的统一性、权威性和有效性，改变过去环保执法不力，地方政府掣肘等现象，逐步建立办事高效、运转协调、行为规范、监管统一的环境保护行政管理运行机制。

第 5 章
环境质量管理体系

5.1　全面构建基于环境质量的监测、评估和考核体系

5.1.1　全面建立环境质量监测评估体系

5.1.1.1　全面建设环境质量监测体系

优化环境监测网络建设，实现环境监测规划、布局、技术、信息发布、管理的统一。由于缺乏统一规划，目前我国环保、林业、国土、农业、水利、建设、交通、气象、卫生、海洋等部门建立了各自的生态环境监测网络，重复建设严重，协调较困难，难以形成国家环境监测整体实力；同时各监测部门监测规范不统一，监测结果缺乏可比性，甚至出现数据矛盾的情况。为了解决环境监测部门职能交叉的问题，统筹监测水、大气、土壤和生态环境质量，需对我国现有环境监测职能进行优化调整，建设“陆海统筹、天地一体”的立体环境监测网络体系，增强环境监管的统一性和有效性。对此，根据新修订的《环境保护法》与《生态环境监测网络建设方案》，由环境保护主管部门制定环境监测规范，会同其他环境监测部门调整现有各环境监测部门的环境监测网络，统一规划环境质量监测站的布局，同时建立监测数据共享机制，由环保监测部门统一发布国家环境质量、重点污染源监测信息及其他重大环境信息。在规划环境质量监测站点时，要特别规范点位设置以确保监测数据的代表性。地方环境监测部门应对环境质量监测点位设置情况进行全面调查，按照国家有关技术规范，对现有监测点位进行技术评估，对不符合要求的提出整改意见和建议。

提升环境监测的软硬件水平，加大监测公共服务供给能力。我国环境监测能力总体水平不高，主要表现为环境监测技术体系不健全、科技支撑能力不强、监测队伍人员编制紧缺、新增业务没有同步安排工作经费、基础设施缺口较大、运行保障经费不足等；各区域间、城乡间的环境监测能力也存在差异，中西部地区能力相对薄弱，省、市、县（区）的监测水平逐级下降。为了使环境监测综合能力与日益繁重的监测任务相适应，必须加强市、县级生态环境监测能力建设，积极推进环境监测基本能力建设，向社会提供一般化、保障性的环境监测服务。补充配套环境监测站及相应的设备装备与人员配置，加强环境监测站的标准达标建设，不断提高监测人员综合素质和能力水平。完善与生态环境监测网络发展需求相适应的财政保障机制，重点加强生态环境质量监测、监测数据质量控制、卫星和无人机遥感监测、环境应急监测、核与辐射监测等能力建设，提高样品采集、实验室测试分析及现场快速分析测试能力。完善环境保护监测岗位津贴政策。根据生态环境监测事权，将所需经费纳入各级财政预算重点保障。缩小不同层级的环境监测能力差距，推进东中西部、城乡区域环境监测能力均等化。

完善环境监测信息统计体系，夯实环境质量精细化管理基础。完善的监测和统计体系是有效开展治污减排工作的有力基础。以美国南加州地区为例，硫氧化物、氮氧化物、有机化合物、颗粒物等因子排放超过 4 t/a、一氧化碳排放超过 100 t/a 的设施，作为点源管理，每年必须上报排放数据，并在清单数据库中更新，其余视为面源；移动源排放数据由州环保部门统计。同时，对清单排放趋势进行预测，对将来的排放进行管制。通过排放清单和模型计算，可以分析在采取一系列控制措施后，到规定的年限是否能够达到预期环境质量目标，如果无法满足，还要在技术经济可行的条件下，采取更为严格的措施。我国“十三五”期间应强化点源数据监测，落实企事业单位自主监测法律责任，提高监测数据的真实性和准确性。提前准备并适时开展第二次污染源普查，力争实现污染源数据调查的常态化，强化数据整合与综合分析。加强烟粉尘、挥发性有机物、总氮、总磷等污染物的统计、监测。各级环境保护部门以及国土资源、住房城乡建设、交通运输、水利、农业、卫生、林业、气象、海洋等部门和单位获取的环境质量、污染源、生态状况监测数据要实现有效集成、互联共享。国家和地方建立重点污染源监测数据共享与发布机制，重点排污单位要按照环境保护部门要求将自行监测结果及时上传。

5.1.1.2 建立健全独立的环境监测体制机制

横向上逐步整合国务院有关部门环境监测工作职责，实行生态环境质量监测大集中。目前我国多个部门在各自领域建立了专业性的生态环境监测网络，在实际工作中各环境监测部门间存在很多责任和任务交叉，不仅重复建设严重，同时也降低了行政效能。针对我国环境监测职能分散的现状，加强职能有机协调，建议整合环保、国土、建设、交通、水利、农业、卫生、林业、气象、海洋等领域的环境监测力量，探索建立由环境保护部归口管理的副部级国家生态环境监测局（副部级），强化监测局监督、指导和协调其他部门开展生态环境监测工作的职能，合理分配除环保部门以外的各部门的生态环境监测职责，加强以环保部门为主导的国家环境监测网络和监测信息获取、共享和发布体系建设，实行生态环境监测规划、技术标准、信息发布的统一。

纵向上探索建立环境监测垂直管理体制，形成统一、高效、先进的生态环境监测预警体系。除了气象观测系统与水文资源监测系统，国土、交通、农业等部门下的环境监测系统均实行国家和地方双重管理体制，即地方管理为主、国家主要负责业务指导。各环境监测机构的事业经费主要由同级人民政府财政拨款；各生态环境监测任务也以规范性法律文件的方式由政府分配和布置。环境监测体制表现出的政事不分，使得环境监管受到地方的控制与掣肘，一定程度上制约环境管理工作的发展。针对现行监测体制易受行政干扰，监测的独立性、公平性和权威性难以保证的情况，研究建立垂直管理、政事分开的环境监测评估体制，由地方政府对环境监测部门的监管改为由上级环境监测部门直接对下级环境监测部门负责和统一管理。根据党的十八届五中全会提出的实行省以下环保机构监测垂直管理制度要求，先行开展省级以下环境监测系统垂直管理，国家、省级环境保护部门负责环境监管，各地市级环境保护部门以污染防治为主要职能，不再单独设立环境监测机构。实行以国家为主的国家—省级双重管理制度，国家环境监测主管部门决定任免各省环境监测主管部门领导班子成员，对其中层干部实行备案审批制度。省级环保部门内设“环境监测局”，垂直管理本辖区环境监测工作。在此基础上，可逐步推动全国生态环境监测系统垂直管理。

5.1.1.3 完善环境监测监督管理机制

加强环境监测站运行管理，杜绝人为干扰确保监测数据的真实性。环境监测数据失真的部分原因与人为因素有关，通过干扰自动监测设备正常运行可以达到数据造假的目的。地方环境监测部门是环境监测全过程的监督者和管理者。整个过程，环境监测部门必须确保避免人为干扰监测设备，保证任何单位及个人在未征得环境监测部门同意的情况下，不得擅自进入环境监测站房，不得擅自调整监测设备参数。同时，可采取各种手段对环境监测工作进行质量控制，如采取远程视频监控、飞行检查、组织异地交叉检查等方式，对地方各空气自动监测工作进行监察，确保监测数据质量。一旦发现违规干扰环境监测设备正常运行的，对相关监测数据不予确认，并在相关考核中予以扣分，对有关责任人予以通报批评，追究责任。

规范环境监测行为，加强环境监测信息公开。先进的科学技术与规范的工作标准是环境监测科学管理的基础，环境监测行为的规范化、程序化和科学化与否，直接影响环境监测结果的稳定、科学和权威性。加强对环境监测行为的监督，可以从源头上保证环境监测数据的质量。上级环境监测部门对下级部门开展监督，内容包括审核监测标准与方法、监测人员资质、能力建设达标情况，并加强对环境监测数据的研究和判读，对监测条件及数据有效性等进行权威认证，提升对环境监测工作的质量控制，纠正环境监测执行不到位的行为，特别是纠正相关利益方对环境监测工作的不当干预行为。建立信息公开平台，公开环境监测标准、方法及监测结果，将环境监测信息尤其是与群众健康密切相关的信息公布于众，注重环境预警和应急监测信息的报送发布，并将环境监测过程中的违法违规行为进行披露。

5.1.1.4 建立环境监测市场管理机制

开展第三方环境监测，政府购买第三方服务。在市场化的环境监测体制中，市场和政府的职能能够相互补充。目前，我国社会监测发展较为滞后，社会检测机构普遍规模小、起点低、管理不规范，社会监测市场机制不健全；由于缺少法律授权，地方政府对监测市场缺乏培养和有效的监管。开展第三方环境监测，按照政府监测为主导、社会监测为补充的原则，逐步推进环境监测市场化改革，适度放开环评现状监测、企业排污申报监测、研究性监测、调查性监测等业务领域，具备相关部门认证的单位或个人有资格进入环境监测市场，充分发挥市场在资源配置中的决定作用。环保部门通过对数据质量进行考核，政府直接购买合格的数据。

强化政府监督管理环境监测市场的职能。市场监管是维护保障市场有效运行的重要措施，公平有效的市场监管有利于规范市场竞争和提高资源配置的效率。加强政府对环境监测市场的监督，必须要实行统一的市场监管，打造全国统一、公平竞争的市场体系，包括建立全国环境监测技术人员资质，建立统一的环境监测准则与技术规范体系，建立社会环境监测机构和环境监测专用仪器管理制度。此外，还需完善环境监测市场化制度体系等软环境的建设。制定相关政策和法律法规，涵盖政府和市场的职能界定、相关制度的建立、市场培育等内容；建立市场服务合同规则、市场信息披露、行政审批许可和备案、评估考核、行政问责等有关制度，实行统一的市场准入与退出管理；建立环境监测市场的社会信用体系，激励市场主体的积极性和正外部性。

5.1.2 对政府以环境质量为核心进行评估考核

强化政府环境质量目标考核，以考核促进环保工作的开展。近年来我国环境形势不容乐观，重经济、轻环保的政府考核已无法适应可持续发展的基本要求。同时，新《环境保护法》进一步强化了政府责任，规定了环境保护目标责任制和考核评价制度。因此，建立以环境质量为核心的目标责任考核是必然趋势。目前，我国对省级政府已开展一些涉及环境质量的责任考核实践，如《重点区域大气污染防治"十二五"规划》《重点流域水污染防治"十二五"规划》《大气污染防治行动计划》及其配套考核办法、《水污染防治行动计划》及其配套考核办法、《土壤污染防治行动计划》《实行最严格水资源管理制度考核办法》等，上海、北京、山西、山东等一些地方政府已开始积极探索将环境质量纳入政府考核，为我国开展环境质量管理奠定了基础。其中，"大气十条"空气质量改善目标完成情况考核指标，终期考核实施质量改善绩效"一票否决"，同时以环境质量排名的方式落实城市政府职责，引导社会监督，督促地方政府履责。具体而言，为了实现地方政府环保执行情况的评估、反馈与控制，以3个"十条"（大气、水、土壤三大污染防治行动计划）的出台和实施为基础，完善环境质量目标考核问责机制，改革完善环境治理基础制度，转变环境保护部门角色，从"查企"转向"督政"，环境质量未达到约束性要求之后应有系统的"罚则"，并与生态补偿资金、实施财政奖惩等挂钩，建立调动地方改善环境质量积极性、主动性的政策机制。将考核结果作为干部选拔任用的参考依据，引导官员重视环境保护工作，增强领导干部保护环境的责任感和紧迫感。根据考核模式转变后的实施效果，远期则可由环境质量改善效果考核取代环保工作性考核，直接将环境质量改善的压力传导给地方政府，同时也减少工作性考核过程中消耗的大量人力物力[①]。

制定环境质量目标管理条例，为开展以环境质量为核心的环境管理提供依据。新《环境保护法》明确规定，地方各级人民政府应当对本行政区域的环境质量负总责；企业事业单位和其他生产经营者应当防止、减少环境污染和生态破坏，对所造成的损害依法承担责任。要求各级政府要把确保生态环境安全和基本环境质量作为重要公共服务职责，落实环境保护目标责任制和考核评价制度。“十三五”时期是我国实现全面建设小康社会的关键时期，经济社会发展已进入转型期。环境保护面临着新的形势与问题，呈现一些新特征、新趋势。但当前，我国环境管理模式已经滞后于环境问题的转变速度，以改善环境质量为目标的环境管理模式尚未系统建立。以环境质量控制为目标机制，是环境管理转型的方向与必然趋势。制定环境质量目标管理条例是贯彻落实新《环境保护法》的重要手段，对促进环境管理实现由总量控制向质量控制转型、优化行政管理效能具有重要作用。环境质量目标管理条例的内容：①应明确各级环境保护部门在环境质量目标管理方面的权责；②应明确环境质量目标的制定方式；③加强环境质量监测体系建设和管理，确保数据真实性；④构建公共参与平台，与社会共治留下窗口；⑤应确立考核、评估、奖励、惩罚机制。

实施党政干部环境责任追究，解决“政府失灵”的问题。近年来，我国频繁发生的环境事故和由此引发的诸多环境问题发人深思。造成目前环境事故频发和环境问题严峻的原因很多，其中，政府在环境保护方面不作为、干预执法及决策失误是造成环境问题久治不愈的主要原因。只有明确政府在环境领域的监管职责以及不履行该职责应当承担的法律后果，才能促使政府更好地履行其在环境领域的责任，更好地服务于环境保护工作。政府环境责任终身追究，厘清责任主体非常关键。《环境保护法》明确规定地方人民政府负有发展经济和保护环境的双重责任，政府在环境保护中要承担决策和监督责任。同时，从我国的政体来看，党政干部也是地方环境保护最重要的利益相关者，因此，需要将党政干部同时纳入责任追究对象范围内，建立严格的环保问责制度，要把环境目标考核结果作为“硬依据”使用好，真正体现正确的用人导向。对环境质量明显下降、污染事故频发、生态环境持续恶化的地方，要严格追究相关责任人的法律责任；对因工作不力、履职缺位等导致环境质量严重退化的，未能有效应对环境事故的，以及干预、伪

① 傅涛：《警惕环保领域的过行政化倾向》，E20 环境平台，2015 年。

造监测数据的，监察机关依法追究有关单位和人员的责任。《党政领导干部生态环境损害责任追究办法（试行）》首次对追究党政领导干部生态环境损害责任做出制度性安排，提出了生态环境损害的追责主体、责任情形、追责形式、追责程序，以及终身追究制等规定，充分体现了“权责统一、党政同责、失职追责、问责到位”的原则。在具体实施过程中，还应注意建立社会公众监督机制，力争环境损害追责在更加公开透明的环境下进行，使公众可以看到和监督追责的效果，提高党委、政府的公信力。

专栏 5-1　浙江 $PM_{2.5}$ 数值与干部升迁挂钩

2015年1月，浙江省印发了《浙江省大气污染防治行动计划实施情况考核办法（试行）》，从2015年起，各设区市的环境空气质量和大气污染防治重点任务完成情况与领导干部的升迁挂钩。

根据浙江省政府的规定，环境空气质量以各设区市本级细颗粒物（$PM_{2.5}$）浓度年均值达标情况以及改善情况作为考核指标；大气污染防治重点任务完成情况以调整能源结构、防治机动车污染、调整产业布局与结构等为考核指标。

年度考核采用评分制，环境空气质量和大气污染防治重点任务完成情况满分均为100分，对环境空气质量和大气污染防治重点任务完成情况分别打分，两类得分中较低分值作为评分结果。综合考核结果分为优秀、良好、合格、不合格4个等级。

浙江省政府指出，考核结果由省政府审定并向社会公开，抄送省委组织部，将考核结果作为对各设区市领导班子和领导干部综合考核评价的重要依据。同时，省财政将考核结果作为安排环保专项资金的重要依据，对各设区市分别给予相应的经济奖励或处罚。

制定环境目标责任考核的财政奖惩机制，调动地方政府的积极性。实施财政奖惩机制是确保环境目标责任考核落实的重要保障，通过财政奖惩的手段能够达到榜样示范、鼓励先进、鞭策后进、惩处落后的目的，以此促进环境工作效率提高、环境质量改善。参考国内外环境质量考核的奖惩措施，许多都与财政奖惩相关。例如，在《大气污染防治行动计划》考核中，中央财政将考核结果作为安排大气污染防治专项资金的重要依据，对考核结果优秀的将加大支持力度，不合格的将予以适当扣减。因此，根据地方政府环保目标的执行情况，环保部门应对相应责任主体进行财政资金的奖惩。对于环境质量目标未能实现的责任主体，环境保护行政主管部门应以每日污染物的超标量为依据进行处罚；对于达到环境质量目标的责任主体，根据年均污染物浓度下降程度，给予一定的资金奖励，同时在环保资金、项目以及能力建设等方面给予优先考虑。

专栏5-2 欧盟大气质量考核及惩罚措施

欧盟的大气质量考核的考核指标。根据《2008欧洲环境空气质量与清洁空气指令》，考核内容为二氧化硫、二氧化氮、氮氧化物、颗粒物（PM_{10}和$PM_{2.5}$）、铅、苯、一氧化碳和臭氧。

欧盟的大气质量考核的主管部门。欧盟委员具有欧盟的大气质量考核的权力。欧盟的大气质量考核应由各成员国按该指令要求负责数据的收集、汇总上报。具体方法按照《欧洲远距离传递的大气污染物监测与评价共同项目》执行。

欧盟的大气质量考核的考核标准。根据《2008欧洲环境空气质量与清洁空气指令》，欧盟对每种大气污染物的浓度均做出了目标要求。未达到要求的污染物项目评为不合格，并要求相应国家提出切实可行的治理计划。

欧盟的大气质量考核财政处罚机制。第一，欧盟委员会有权对同一污染物连续未达到《2008欧洲环境空气质量与清洁空气指令》要求的国家在欧盟法院进行诉讼，要求适当的罚款。相关诉讼需要首先判定相关行为是否违反《2008欧洲环境空气质量与清洁空气指令》；其次需要核算造成的日均损失及损失持续的时间，二者相乘确定罚款量。第二，根据欧盟环境署大气污染与气候变化减排中心框架参与协议的要求，减排责任未能完成的国家将面临财政处罚。根据欧洲环境署财政规定所规定适用的价值标准，基于比例原则，任何严重违反了（减排）责任的成员国，都会被处以在该问题上所拨款项2%～10%的财政处罚。如果在第二个五年期继续违反责任的要求，则处罚比例可升至4%～20%。

专栏 5-3　辽宁大气质量考核财政奖惩措施

辽宁的大气质量考核财政处罚负责部门。根据《辽宁省城市环境空气质量考核暂行办法》，由辽宁省环境保护行政主管部门负责，并会同辽宁省财政部门对收到红色通报的有关市进行处罚。

辽宁的大气质量考核财政处罚流程。辽宁省环境保护行政主管部门负责核定有关市每月空气质量考核罚缴资金总额，于每月 15 日前将上月考核结果和罚缴总额通报各有关市政府，同时抄送辽宁省财政部门。罚缴资金由辽宁省财政部门在年终结算时一并扣缴。

辽宁的大气质量考核财政处罚标准。根据《辽宁省城市环境空气质量考核暂行办法》，对收到红色通报的有关市，分别按二氧化硫、二氧化氮、可吸入颗粒物超标量进行处罚。二氧化硫超标达 0.25 倍，罚款 20 万元，每递增 0.25 倍（含 0.25 倍），加罚 20 万元；二氧化氮超标达 0.25 倍，罚款 20 万元，每递增 0.25 倍（含 0.25 倍），加罚 20 万元；可吸入颗粒物超标达 0.5 倍，罚款 20 万元，每递增 0.5 倍（含 0.5 倍），加罚 20 万元。

辽宁的大气质量考核财政罚缴资金用途。根据《辽宁省城市环境空气质量考核暂行办法》，空气质量考核罚缴资金由省政府统筹用于全省大气污染联防联控工作。目前罚缴资金用于蓝天工程治理。

5.1.3　构建环境质量监督体系

目前，我国环境监督体系主要围绕污染减排为核心展开，监督管理主要包括污染物减排的监督检查执法、污染物总量减排监测体系建设检查等方面。2011 年，环境保护部印发了《环境保护和污染减排政策措施落实情况监督检查方案》，明确了七部分重点监督领域，分别是重点行业环境污染是否得到有效治理，环境影响评价制度执行情况，重金属污染防治是否符合规划要求，重点流域水污染防治是否符合规划要求，饮用水安全保障，大气污染联防联控，化学品环境风险防控，危险废物处置，污染减排政策措施落实情况。同时，成立了环保部监督检查工作领导小组，负责牵头环境保护和污染减排政策措施落实情况监督检查。面对日益凸显的新老环境问题，在“十三五”期间应实现环境监督管理转型，突出环境质量的导向作用。

在法理上明确环境质量超标的政府法律责任。多年来，环境质量标准作为环境监督管理的两个技术依据之一，却没有像污染物排放标准的执行那样有完善的执、罚体系。而仅仅作为制定污染物排放标准和评价环境质量、发布环境公报、开展重点流域区域考核通报等工作的依据，其作为法律技术权威的警告、约束、惩罚等最主要的作用基本没有发挥。《环境保护法》明确规定，地方各级政府对所辖区域环境质量负责，但是对于区域环境质量超标的辖区政府，其法律罚责却是空白的。导致政府改善环境质量的主体责任难以落实，依据环境质量标准的执行处罚体系无法建立，后期所建立的问责机制也就难以发挥作用。对此，出台相应的法律条文，明确规定政府对其所辖区域环境质量超标应承担的法律责任，以此震慑地方政府督促其依法履行环境质量改善的职责。

加强环境质量监督性监测。一方面，继续开展污染源监督性监测。污染源监督性监测是政府执法、环境管理和排污收费等环境行为的重要依据，对于污染源的达标排放和总量控制有着重要的意义。具体来说，污染源监督性监测是各级环境保护行政主管部门所属的环境监测站，对污染源的产生、排放的污染物种类、浓度、排放总量等依照国家环境监测标准规范进行采样、分析，得出监测结果并提交监测报告，行使监督性权利的过程。这就通过环境监测机构这个外部监督机制，加强对污染源达标排放和污染治理设施的治理能力，加强对污染源治理效果的监督与控制，促进污染源的治理，做到达标排放和污染物总量排放总量控制。同时，也可以实现对超标排放和偷排行为进行取证，为环境执法、环境管理、排污收费、污染纠纷事故的处理提供科学依据。另一方面，开展环境质量目标完成情况的监督性监测。污染源排放是原因，环境质量恶化是结果，在环境规划期内定时开展环境质量监督性监测，可以直接反映出地方政府为实现环境质量目标而开展环保工作的实施效果。因此，对水、大气、生态环境质量开展监督性监测，地方政府可以根据监测结果反馈调整环境工作的思路和决策，优化环境工作的执行力；同时，对各地上报的城市环境质量状况、环境监测系统、监测数据的质量保证和质量控制、监测数据的准确度进行现场核查，也可同时委托第三方监测。

5.2 实施环境质量清单式管理政策

5.2.1 实施环境质量清单式管理的意义

环境质量清单式管理，是以城市（或水控制单元）为基本单元，以环境质量目标为导向，制订整治计划、任务措施以及分阶段实施计划，并对清单进行公示式的管理方式。其核心是制定管理单元目标与任务并进行公示，根据清单按期进行检查考核，并根据考核结果采取相应的措施。城市是基本的生产生活单元和行政管理单元，具有完整的职能部门体系和独立的财政权限，将城市作为清单式管理的基本单元。水环境方面考虑水系汇水特征，将水控制单元作为基本单元。

环境质量清单式管理是落实环境质量目标的重要途径。"十三五"环境管理逐步向质量管理转型，通过实施环境质量清单式管理，可以将环境质量改善目标落实到具体城市或控制单元，使国家目标、区域（流域）目标、城市目标能够有效衔接，质量目标能分解、可落实。同时，将质量目标与管理任务落实到具体单元，也是对新《环境保护法》地方政府负责环境质量要求的响应和落实。

环境质量清单式管理是实施分区分类差异化管理的重要抓手。我国地域辽阔，各地环境质量差异大，"十三五"时期环境状况、趋势、预期难以求同。实施环境质量清单式管理，有助于宏观层面精确把握不同区域环境质量现状，实施差异化管理政策，同时也有助于清单单元针对地方具体问题有针对性地采取整治措施和达标计划，"一区一策"，精准发力，有效改善环境质量。

环境质量清单式管理是质量管理与总量控制联动的有效手段。"十三五"时期实施环境质量改善和污染排放总量双控，总量控制也将由过去自上而下分配任务向自上而下与自下而上相结合、精细化、差异化方向转变。通过环境质量清单式管理，对环境质量超标单元、环境容量超载单元可加大总量控制力度，对环境质量好、环境容量尚有空间的单元可由总量控制转向控制总量，实施差异化总量控制。城市（控制单元）是探索总量质量耦合、输入响应关系作用的区间，可在单元层面研究实践容量—总量—质量的响应关系，制定基于环境质量改善目标的总量控制方案，设置区域性总量控制因子及特别排放限值，根据环境质量改善需求确定污染减排要求。

环境质量清单式管理是公众参与和信息公开的关键平台。让公众参与到清单的制定过程，根据社会公众诉求决定工作重点、治理进程、阶段目标，最大限度地满足公众期盼，解决公众最希望解决的环境问题。同时，清单内容和考核情况全部公示，清单管理公开化，保障公众知情权。通过公众对治理目标制定、措施任务、绩效评价的全过程参与，合理引导公众对环境质量改善预期。

5.2.2　环境质量清单体系原则

国家层面对清单制定与管理分要素抓“好差两头”。结合三大行动计划及全国生态环境十年变化（2000—2010 年）调查评估结果，制定水、气、土壤、生态“好差两头”清单，分区分类实施差异化管理政策。如水环境，良好湖泊清单为“好”，全国地表水国控断面劣Ⅴ类断面为“差”。又如生态，全国生态环境好、生态服务功能较强地区为“好”，生态退化严重地区为“差”。通过制定“好差两头”清单，确保环境好的单元环境质量不退化，环境差的单元环境质量有明显改善。

具体单元清单目标与治理措施应体现“大小并重”。“大”是指国控重点，“小”是指百姓身边的问题。根据监测数据近年来我国水环境质量日趋好转，但公众感知和体会与监测数据有较大差距，因为国控断面全部位于大江大河和其主要支流上，而公众看到的是流经身边的小河小沟。清单管理要大小并重，抓大江大河的同时抓小河小沟，关注老百姓身边的环境问题的解决，提高公众对环境保护成效认可度。

清单目标与任务应体现远近结合。远期是指清单单元制定环境质量达标的实现年限及分阶段目标，以空气质量为例，珠三角城市以“十三五”达标为目标，长三角城市以“十四五”达标为目标，京津冀城市以“十五五”达标为目标，各单元依据环境现状及未来趋势，合理评估预测达标年限，尊重客观事实。每年制定年度目标及措施，如政府工作报告每年列出十件改善城市环境质量大事，年度目标与达标计划具有逻辑关联，且可感可见，切实可行。

清单目标制定应体现上下衔接，可行可达。各单元目标的制定既要响应上级管理部门要求，又要结合地方实际，使上下级的指标能够对应、衔接、互相支撑。根据目标和地方实际有针对性地提出任务措施，根据年度分解的目标和任务制定具体工作方案，将工作目标与任务进行项目性、责任性分解，使目标的实现有途径、可操作。

实施分级管理。国家管理水、气、土壤、生态各要素的“好差两头”，按总体达标计划与年度目标对所涉及的单元进行考核。各省管理所辖地级市，每个地级市作为清单基本单元，提出各要素达标计划及分年度实施计划，各省根据清单对所辖城市进行考核。上级管理单位列出所管辖清单单元、总体目标、主要内容，各单元制定详细达标计划（含目标与任务）及分年度计划，报上级管理单位审批。

清单管理全过程应体现公众参与。公众参与到清单的制定过程，根据社会公众诉求决定工作重点、治理进程、阶段目标，最大限度地满足公众期盼，解决公众最希望解决的环境问题。同时，清单内容和考核情况全部公示，清单管理公开化，保障公众知情权。通过公众对治理目标制定、措施任务、绩效评价的全过程参与，合理引导公众对环境质量改善预期。

5.2.3 以清单为基础实施差异化政策

以清单为基础开展分区分类管理。“十三五”期间国家环境保护目标、战略任务等均实施分区分类管理。清单是实施分区分类管理的基础，对全国环境质量进行清单式摸底，以此为数据基础分区域、分流域、分行业提出控制要求。以大气质量为例，京津冀地区和成渝地区主要是 $PM_{2.5}$ 和 PM_{10} 超标，珠三角地区主要是 $PM_{2.5}$ 和臭氧超标，以问题为导向提出差异化管理目标与任务措施。

以清单为基础实施差异化总量控制与项目准入。“十三五”期间总量控制也逐步转向差异化、精细化。清单是实施差异化总量控制的依据。对于环境质量超标单元、环境容量超载单元加大总量控制力度，实施更严格的项目准入政策。对环境质量优良、环境容量有较大空间的单元可由削减总量转向控制总量，在保障环境质量不退化的基础上加快发展步伐。

以清单为基础安排生态补偿资金。党的十八届三中全会《中共中央关于全面深化改革若干重大问题的决定》提出实行资源有偿使用制度和生态补偿制度，坚持谁受益、谁补偿原则，完善对重点生态功能区的生态补偿机制，推动地区间建立横向生态补偿制度。根据清单所列自然保护区、重要生态功能区、流域水环境等安排纵向和横向生态补偿资金，促进环境保护和不同地区和谐发展。

以清单为基础安排环境保护专项资金。目前中央已经设立大气污染防治专项资金和江河湖泊生态环境保护专项资金。可根据大气清单，对大气治理任务重、群众改善要求迫切的单元安排大气污染防治专项资金。根据全国水环境清单情况，按照《江河湖泊生态环境保护项目资金管理办法》，安排江河湖泊生态环境保护专项资金。

以清单为基础实施财政奖惩。根据清单目标达标情况、清单单元环境质量状况与财政挂钩，环境质量好或改善幅度大的单元奖励资金，环境质量差或退化的惩罚资金，以财政压力倒逼城市改善环境质量。

5.2.4　清单实施保障体系

国家制定《环境质量清单式管理工作条例》，为环境质量清单式管理提供制度保障。《环境质量清单式管理工作条例》，一是规定清单式管理的工作流程；二是明确管理主体与管理单元在环境质量清单式管理方面的权责；三是应明确清单的制定和审核方式；四是加强环境质量监测体系建设和管理，确保数据真实性；五是提出清单公示要求，构建公共参与平台；六是提出考核、评估、奖励、惩罚机制。

地方建立组织机制，落实资金保障。由清单单元的市政府牵头，成立环境质量清单达标管理小组，各部门联动共同推进环境质量。市政府应按照通过审核的清单确定的目标、任务，将重点任务落实到相关部门和企业，合理安排重点任务和项目实施进度，明确资金来源、配套政策、责任部门和保障措施等。

实施年度报告制度。各管理单元人民政府每年年底对清单任务的实施情况和年度目标达标情况进行自查，并将年度报告上报上级管理部门。年度报告在各地主流媒体进行公示。

实施年度考核与终期达标考核。每年年底由国家和省环境保护部门分别对所管理单元的年度目标完成情况进行考核。年度考核结果将在媒体进行公示。各单元达标期末由上级管理单位对总体目标完成情况进行考核。考核结果将作为对各地区领导班子和领导干部综合考核评价的重要依据。中央财政和省财政将考核结果作为安排环境保护专项资金的重要依据，对完成目标的单元加大支持力度，对未完成目标的单元予以适当扣减，并实行更严格的总量控制、项目准入和排放限值。

5.3 基于环境质量目标的总量控制政策创新

“十三五”期间，我国仍将处于工业化和城镇化进程，污染物排放总量居高不下，资源环境严重超载的局面不会根本改变，需要坚持并不断深化和优化总量控制制度。经济总量持续加大，在严控污染物新增量的同时应更多地削减存量，将“存量”老虎关在笼子里。针对总量控制与质量改善不挂钩、联动性不强的问题，逐步实施以环境质量目标为导向的总量控制模式，加强总量控制与质量改善的响应与联动，使总量控制向精细化、协同性、差异性转型。

5.3.1 削减存量严控增量，缓解环境超载压力改善环境质量

经济总量基数高居不下，存量污染物数量庞大，有效削减存量污染是改善环境质量的必要途径。预测“十三五”期间每年国内生产总值在60万亿～80万亿元，综合考虑产业升级、技术进步、治污减排力度等因素，预测“十三五”末我国二氧化硫、氮氧化物排放量分别为1 896万t、1 826万t。根据环境保护部环境规划院测算，城市$PM_{2.5}$达标条件下的二氧化硫、氮氧化物大气环境容量分别为1 360万t和1 260万t，污染物排放总量远超环境容量。要改善环境质量，需要有效削减存量污染。加快推进重点行业、重点污染源等污染治理设施建设进度，加大对污染治理设施有效运行的监管力度，确保企业排放达标。完善污染物排放统计体系，将“十二五”时期未纳入减排范畴的小（微）型企业、小型锅炉、农田面源污染等逐步纳入总量控制范畴，对存量污染严防严控，有效削减全国污染物排放总量，缓解环境承载超负荷压力，改善环境质量。

从结构调整和前置审批着手，严格控制新增污染。把握经济新常态窗口机遇和国际能源形势变化，以总量控制促进产业结构与能源结构调整，降低单位GDP污染物排放强度。严格实行新建项目总量前置审批，在企业建设前期工作中，通过环境影响评价制度发挥总量控制的作用，实施由国家和地方分别就不同规模企业进行管控的“总量前置”“排污交易”等政策，实现区域污染物新增量指标与实际减排力度挂钩、联动。环境质量差距过大的单元或总量控制任务落实不到位的地区，实行区域限批。环境质量不达标单元以质量目标为约束，实施更为严格的产业准入，基于质量改善要求实施新（改、扩）建项目不同倍量的总量置换削

减、排污指标申购。

5.3.2　以环境质量目标为导向实施精细化总量控制

实施以环境质量目标为导向的总量指标分配模式。调整国家层面总量控制指标分配的价值取向，淡化以减排潜力为主要考虑因素的总量指标分配模式，重点服务于区域环境质量改善目标。基于资源环境禀赋差异性、环境功能要求差异性、质量改善需求差异性，制定总量减排计划和要求，环境质量好的地区和流域可以少减或者不减，质量差的强制多减，避免平均式、计划式总量分配模式。

在小区域尺度探索容量—总量—质量耦合关系。自下而上选择污染来源明确、现状环境质量接近达标的区域流域，以总量—质量响应关系为依据，制定实施基于环境质量改善目标的容量总量控制方案。综合考虑区域内的污染源空间位置、污染排放量、污染物种类、污染源治理方式、技术和经济承受能力现状，结合区域环境承载力和相应的社会因素，将污染物削减量分配到具体污染源，将总量控制精细化，提高总量控制与质量改善的联动性。

探索分时、分季节、分区域排放最大负荷管理模式，精细化匹配容量与总量。"十三五"时期可开展水污染物 TMDLs（日排放最大负荷）、大气污染物排放时最大负荷等地方试点，从子流域、空气域环境质量目标出发，基于科学系统的分析，确定排污控制要求，使分区、分时排放流量与容量精细化匹配，提高总量控制和污染治理的精细化水平。

5.3.3　实施资源、能源、污染物总量协同控制

提升污染物排放总量控制制度与资源能源消耗控制制度的联动性，形成以环境质量倒逼总量减排、以总量控制倒逼经济转型的联合驱动机制，从全国尺度看，空气质量与污染物排放量、能源结构息息相关。高煤炭型能源结构地区污染物排放较多，环境质量相对较差。低碳型能源结构地区污染物排放较少，环境质量相对较好。环境质量的全面改善必须以污染物排放量持续稳定下降为基础，污染物排放量持续稳定下降必须以资源能源消费量大幅度下降为前提，资源能源消费量大幅度下降必须以发展方式实质性转型为根本。"十三五"时期需将总量控制的含义泛化，以经济发展、资源能源高效合理利用、环境保护之间的协调发展为基

础实施总量协同控制，推进区域能源消费总量、煤炭消费总量、电煤消费总量协同控制，将污染物排放总量控制与耕地红线、水资源利用总量、机动车保有量控制等密切结合，将污染物总量控制制度的倒逼机制切实传导经济领域，共同作为经济发展生态化程度的评价标准和奋斗方向。

实施水资源使用量与主要水污染物总量协同控制。水量与水质是水生态系统的两大基本属性。水量综合反映流域气候特征、地表覆盖特征及水体地形地貌与受人工设施干扰的程度，是水体流态的重要表现。水质是社会生产、水生生物与人群健康的根本保障，两者的有机组合是水生生物生存、水体各种物理过程与生物化学反应得以完成的基本要求，也是社会经济发展的重要物质保障。“十三五”时期应将水量与水质进行统一管理，推进节水减污工作，控制用水总量，鼓励使用再生水，实行地下水取用水总量控制和水位控制，划定限采区和禁采区范围，全面取缔禁采区地下水开采。对于劣Ⅴ类的断面，以水质改善为核心目标，削减总量和增加水量并重，选取部分典型流域或区域率先试点建立生态流量综合保障机制。

实施多污染物协同控制。“十二五”时期总量控制的四项污染物难以覆盖全部污染因子，难以解决复合型环境问题。以 $PM_{2.5}$ 为例，$PM_{2.5}$ 是由多种污染物经过复杂的大气化学反应生成，欧洲通过协同控制包括 SO_2、NO_x、PM、VOCs、NH_3 等多种前体污染物在内的排放，空气质量得到明显改善。“十三五”时期总量控制应注重多污染物协同控制，加大工业、机动车、扬尘、农业面源等多污染源综合防控，协同二氧化硫、氮氧化物、颗粒物、挥发性有机物等多污染物排放控制，建立多污染源、多污染物综合控制体系。

5.3.4 以改善区域环境质量为导向实施分区域、分行业差异化总量控制

根据区域突出环境问题和行业特点，实施分区域差异化总量控制。基于不同区域资源环境禀赋差异性、环境功能要求差异性，以差异化总量控制为手段有针对性地解决区域最突出环境问题。基于环境总计、环境监测能力支撑能力，对长江、珠江、太湖等氮磷超标、存在富营养化风险的重点流域、重点湖泊探索实施氮磷总量控制目标；湖南、广西、广东、江西等重金属或有毒有害物质环境风险高发区域研究流域重金属总量控制目标，探索建立“一市一总量”“一河一总量”和“一湖一总量”等总量控制目标。根据区域行业特点，将总量控制目标落实到

具体行业重点污染源。

对污染物排放集中、环境污染贡献大的重点行业实施分行业总量控制。我国大气污染以 $PM_{2.5}$、PM_{10} 为代表的颗粒物污染最为突出，燃煤和工业排放烟粉尘等一次颗粒物是 $PM_{2.5}$ 的主要来源。2013 年全国烟粉尘排放总量约 1 300 万 t，工业排放占比超过 85%，以电力、钢铁、水泥行业为主。结合统计基础、技术经济可行性，在电力、钢铁、水泥等重点行业开展烟粉尘总量控制，根据每个行业污染控制水平、污染物排放特征等采用差异化总量控制模式。挥发性有机物是导致 $PM_{2.5}$ 和 O_3 污染的重要根源，根据预测，2020 年我国人为源挥发性有机物排放量将比 2010 年升高 16%。挥发性有机物来源行业较为集中，工业涂装、包装印刷、石化行业排放量分别占排放总量的 19%、13%、7%。对重点行业挥发性有机物排放开展调查，编制排放清单，摸清底数，筛选重点排放源。完善排放控制要求，遵循源头—过程—末端全过程控制原则，用标准和行业政策减少排放量，建立控制要求体系，以“行业技术改造”为抓手实施总量控制。

5.3.5　实施企事业单位排污总量控制和综合性排污许可

实施企事业单位污染物排放总量控制。企事业单位是污染物排放的最大主体，目前我国主要对电力、钢铁、造纸、纺织四大重点控制行业进行污染物总量控制。结合行业发展趋势、产排污特征等因素，分析其他高污染企事业单位，识别工业行业的其他特征污染物排放情况。基于环境质量达标前提，按照区域、流域总量控制要求，兼顾行业公平、技术经济可能性，统筹确定控制单元/区域内各企事业单位的总量控制指标，在市、县层面将污染物排放总量逐个落实到企事业单位。

实施综合性排污许可证制度。排污许可制是确保实施企事业单位总量控制的根本环境管理制度。确定统一的排放量核定方法，整合各套点源排放数据。将企事业单位总量排放指标、环境影响评价文件中的各项要求，以及与污染物排放密切相关的原材料使用、生产工艺、生产设备等要求，纳入排污许可。禁止无许可证排污或不按许可证规定排污。新建项目必须获得排污许可证后，方可开工建设。建设全国排污许可证管理机构和信息平台，公布许可证发放、污染物总量控制要求等信息，实行动态管理。实施与排污许可证配套的刷卡排污、总量预算管理、初始排污权取得和有偿交易、排污指标储备等政策制度。

建立严格的许可证后监管制度体系。出台《排污许可证管理条例》，明确无许可证或者违法许可证排污行为的法律责任。严格现场检查及执法，加强证后监管。加强能力建设，增加许可证后监察人员，加大对企业执行许可证状况的督查和监管力度。实施按日连续处罚，按照违法排污行为拒不改正的天数累计每天的处罚额度，加大企业违法成本，保障排污许可证的规范执行。

5.4 社会制衡型环境责任机制重大政策

根据我国经济社会发展与环境保护形势的科学判断，环境管理战略转型，特别是以改善环境质量为导向，是推动环境保护更全面地融入经济社会发展全局、促进以环境保护优化经济发展、保障人体健康和生态环境安全的必然要求，推进国家环境保护社会治理体系是环境管理战略转型的重要方向，同时，也契合了党的十八届三中全会关于“推进国家治理体系和治理能力现代化”的目标要求。“十三五”期间，按照生态环境保护领域国家治理体系和治理能力现代化的要求，更好地促进环境质量的改善，需要进一步理清全社会环境责任，在落实企业主体责任、畅通公众参与决策途径、突破社会监督制度和构建环保自我行动体系等领域有所推进，健全社会制衡型环境管理机制体制。

5.4.1 环境责任主体界定①

5.4.1.1 企业环境责任

企业既是社会财富的生产者和商品与服务的提供者，也是自然资源和生态环境破坏的制造者，应当承担起治理环境污染和恢复环境质量的责任。在社会体系中，企业所承担的环境责任首先应是达到环境合规，保证生产活动符合国家法律和环境标准，其次是主动承担社会环境保护责任，主导行业和社会实现环境良性发展，进而主动成为优化环境的引领者和示范者。

在履行环保合规责任方面，我国《环境保护法》《水污染防治法》《大气污染防治法》《固体废物污染环境防治法》《环境噪声污染防治法》《放射性污染防治法》以及一些地方出台的《工业污染防治条例》等法律法规对企业履行污染防治

① 5.4.1 节的研究成果来自“十三五”国家环保规划对外委托课题“以环境质量为核心的政府环境责任考核研究”，研究单位为上海市环境科学研究院。

责任提出了明确要求，并规定了违反条款时的罚款额度、法律责任等。近年来，我国出台了大量节能减排的约束和激励政策，许多地方在电厂脱硫脱硝、清洁能源替代、企业污水处理等方面出台了不少具体规定，在此推动下工业污染防治取得了长足进展。但是由于全国仍有大量各类污染排放企业，工业污染排放总量仍然高居不下。近几年，由企业引发的重大环境事故频发，基本上都是由于企业的安全生产、交通运输和违法排污引起，水、气、固废和危险化学品均有涉及。

在履行企业社会责任方面，当前的推动力主要还是来自政府层面的硬性或半硬性要求。在发布可持续发展报告的企业中，国企和央企占据了大半壁江山，主要原因是国企和央企受政府政策影响，需要营造良好的企业—政府关系。目前多数企业在履行环境社会责任方面的主要表现形式仍停留在披露企业环境信息的初级阶段，且普遍存在信息量少、数据披露随意性强、整体缺乏可比性，仅满足最低限度规定等问题，并且极少披露企业的环境违法等负面信息（如企业日常超标、违规、事故记录）。而面对突发环境事件，企业在环境信息公开方面的表现更是欠佳，甚至存在事故迟报和瞒报情况，即便是公开的信息也常常出现不及时、不完整、不真实等问题。

5.4.1.2 公众环境责任

公众是环境权利与责任的广义主体，作为国家公民有监督政府与企业环境绩效的责任，作为社会成员有参与环保实践的责任。同时，公众环境责任履行能力的提升离不开非政府环保组织的发展和协助。

在监督政府与企业环境绩效方面，公众的权利与责任包括对政府环境管理与企业污染防治进行监督、咨询、听证、反馈、举报、诉讼等。近年来，随着公众环境意识的不断提高，公众对十面“霾”伏、河流污染、土壤污染、垃圾围城等环境问题的关注也日益高涨，公众通过咨询、听证、复议等形式参与监督政府环境决策也日益频繁。在公众参与较活跃的环境影响评价方面，越来越多公众通过环评的问卷调查、听证等渠道发表自己的意见，一些著名事件还引发了舆论和全社会的关注，如圆明园防渗膜事件、沪杭磁悬浮事件、厦门 PX 事件等，有些演变成群体性抗议，虽体现出制度内公众参与尚存不少问题，但也表明公众维护环境权益、履行环境责任的意识提升。除环评外，公众对企业环境污染问题的监督举报作用也日益得到发挥，对全社会共同参与环境保护有重要意义。

在参与环保实践方面，随着污染问题频发和各类环保宣传教育的引导，越来越多的公众自发地参与到各类环保实践活动中来，并将环保理念贯彻到自身的生活、生产行为。这些环保实践活动由政府、社区、学校、企业、社会组织甚至个人举办，如参观考察、互动体验、植树种草、垃圾分类、绿色出行、绿色消费等。

在非政府环保组织发挥第三方监管责任方面，由于公众专业水平有限，常常在环保实践活动中不知所措或对某些污染项目发表反对意见时“反对不到点子上”，这也成为公众意见时常得不到很好重视的原因之一，因此公众的环保责任履行经常需要有专业人士或组织的帮助。环保非政府组织、其他社会机构、专业委员会等可以在政府、企业、公众之间建立桥梁，起到揭露问题、协助对话、争取权益等作用。只要非政府环保组织行为合法，就应充分认可其对环境保护和社会发展的积极正面作用，特别是政府和企业应予以支持，杜绝不应有的戒备心理。

5.4.2 建立社会制衡型的环境责任机制

5.4.2.1 保障企业主体责任落实

完善企业环境保护责任和生产者责任延伸制度。明确企业经营者和产权拥有者的环境保护责任为终身责任，将环境污染的负外部性内化为企业的成本，其治污减排、风险防范、资源节约、达标排放、自主监测、信息公开等法律义务。健全环境污染和生态破坏的民事责任追究制度，推进环境公益诉讼。加大对企业及相关责任人的环境违法行政处罚力度，采取行政拘留、经济处罚、行业禁入等手段，对企业主要负责人进行责任追究。强化企业环境刑事责任追究。对排放污染物造成严重后果的，除明确企业环境修复责任和损害赔偿责任外，依法对造成损害的企业负责人和相关责任人追究刑事责任，拓展污染环境罪的适用范围，延长污染环境罪的追诉期限，完善生产者责任延伸制度。

完善规范企业环境行为的法规和标准。按照新《环境保护法》要求，修订现行法规规章中不符合形势发展和环境保护需求的规定和条款，使法律法规规章的规定成为企业环境行为的基本准则和严守底线。加强对企业有毒有害污染物和挥发性有机物、$PM_{2.5}$排放标准控制，严格重污染行业排放标准。完善清洁生产标准体系和强制性清洁生产制度。

明确环境损害赔偿制度中企业责任。强化企业监管，树立企业环境主体责任，从源头控制企业环境风险。建立以环境损害赔偿为基础的环境责任、环境管理体系。明确企业环境损害赔偿责任，加大对实施环境侵权行为企业的追责力度，提高环境违法成本，有效防止企业环境成本外部化。加快环境污染损害赔偿评估、鉴定相关制度建设，建立环境司法鉴定机构标准规范，开展试点示范。

健全经济利益和市场调节机制。完善企业履行环境保护主体责任的约束和激励机制。提高企业排污收费标准，扩大排污收费的覆盖面。逐步实现排污收费向环境税的转变。完善排污权有偿使用和交易的政策法规，将排污权计入企业资产，培育交易市场。构建环境资源价格政策，基于环境成本为资源型产品定价。完善环境资源补偿制度，推行资源开发利用许可证制度和保证金制度。综合运用绿色信贷、环境污染责任保险、污染修复保证金等金融手段，引导和督促企业落实主体责任。

实施绿色采购机制。从产业链的角度明晰产业链上各企业的环境治理责任划分，发挥产业链的协调优势，构建循环经济框架体系。围绕产业链打造循环经济，将产业链上企业的污染外部性行为内部化，统筹规划产业链上各企业的环境治理责任，实现产业链环境污染的外部性行为最小化，实施绿色供应链管理。依据风险共担、效益共享原则确定权责关系，约束产业链伙伴企业间的短期博弈行为。

构建企业环境保护信用约束机制。建立企业履行环境保护主体责任的评价体系。开展责任审计。在《企业环境信用评价办法（试行）》的基础上完善信用评价标准，建设环境信用体系，保障企业环境行为和信用公开透明，加强企业环境信息公开制度建设，拓宽企业环境行为的社会知情渠道，引导建立企业环境行为公众监督评价体系。上市公司应定期公布生态资产负债表。将企业环境信息纳入政府和金融机构信用信息平台，加强企业环境信用管理，对企业环境信用分级，对环境信用等级低的企业加大监管力度。

推行企业环境监督员制度。探索确立企业主要管理者及经营者等环境保护义务，通过在企业设置环境监督员，加强企业内部环境管理机构和规章制度建设，建立和完善企业与环保部门沟通协调制度，规范企业环保行为，促进企业确立社会责任意识。

5.4.2.2 着力深化社会监督制度

完善环境保护公众监督制度。新《环境保护法》第53条的规定保障了公民、法人和其他组织依法享有获取环境信息、参与和监督环境保护的权利。要让公众有效参与监督，首先要完善相关的制度。政府要及时了解公众需求和诉求，及时公开发布全面准确的环境信息，与公众开展有效互动交流，适当进行舆论引导，增加公众对政府的信任度。畅通公众监督举报的路径，健全完善环保听证、社会公示、环境信访、环境举报、市民检查团、环保义务监督员和“12369”环保热线等制度，鼓励网络“随手拍”“随手传”“随手报”等新兴技术手段，保障公众依法有序监督环保工作。加强社区（农村）环保监督员队伍的培育和建设。可以聘请公众代表作为环境执法监督员，分布在企业、园区周边，城乡接合部，成立公众环保检查团、公众评审团、监督团等参与环境违法企业摘帽验收，开展公众点单式执法。开设新闻媒体环境违法行为曝光栏目，完善环境舆论监督制度。

建立公众参与环保监督的反馈机制。对媒体和公众监督披露出来的环保问题，要认真、快速处理和反馈，对办理时限、工作人员、咨询电话、出让结果、信息反馈进行公开，严格实行接办分离、限时办结、结果公开制度。开展后督察和后评估，建立环境舆论回应机制，接受社会监督。对各级环保部门进行监督反馈的绩效考核，形成年度报告制度；将企业监督反馈结果纳入环境保护信用评价。

完善环境公益诉讼制度。在环境公益诉讼方面，要加快相关制度建设，完善环境公益诉讼类型，清晰界定并逐步扩大环境公益诉讼主体，从长远来看，能够提起公益诉讼的社会组织应当包括在各级人民政府民政部门登记的社会组织，而且公民也应当被赋予提起环境公益诉讼的资格。各地要设立环保法庭，提高执法人员水平，实现环境司法专门化。加强环境公益诉讼相关宣传和作为诉讼主体社会组织的培育，提升环保社会组织提起环境公益诉讼能力，防止环保公益“滥诉”行为。制定环境公益诉讼费用承担办法，设立环境公益诉讼救济基金。确立环境公益诉讼独立地位，完善诉讼程序，合理界定责任、损害和赔偿。

5.4.2.3 构建环保自我行动体系

建立社会自治模式。公众日常生活中，会遇到很多与环境保护相关的问题，如垃圾处理、水源水质及空气污染等。这种与公众切身利益相关的环境治理工作，可以建立公众参与模式。从公众的角度和立场出发，以社会自治为中心，在政府引导和第三方机构支持下，制定实施环境保护的社（村）规民约制度，在广场娱乐噪声、鞭炮燃放、垃圾分类等方面开展探索，建立生命共同体的全民行动意识。还可以推广“绿色交换”项目，引导公众将生活垃圾，诸如纸类、金属类、塑料类、玻璃类、油污类等垃圾收集起来，送到附近的交换站，用来交换食品。自发实施、共同执行、互相督促、共同监督，培养全民环保习惯。完善社区组织与社区居民、街道（乡镇）等的沟通协调机制。建立公开选举制度，定期改选自治组织的构成人选，使其真正成为反映公众需求（包括环境需求）的社区自治力量，成为公众环境利益的代言人和公众环保行为的带头人。鼓励社区自治组织在环境事务中积极与第三方机构（研究咨询机构、社会组织、专家、媒体、法律服务机构、社会企业等）开展合作。形成人人爱护自然、人人共享环境、人与自然和谐相处的良性互动态势，共同构建全民参与的环境治理体系。

构建社会组织激励机制。环境社会组织是环境利益直接相关者，是加强环境保护的潜在资源，是公众与政府沟通协商的重要桥梁，能够弥补政府角色的缺口。我国现阶段环境社会组织的发展还不是很完善，有必要通过规范化管理和培训对环境社会组织进行培育性引导，构建激励机制，鼓励良性竞争的环境社会组织发展。政府可通过购买服务、无偿资助、税收信贷优惠、派员参与、表彰奖励等形式予以支持，全社会也可通过捐款、投资、亲身参与等形式予以支持，对企业或个人向环保社会组织捐款部分予以免税。鼓励环保社会组织在法律框架内自由登记、结盟、开展活动，充分发挥其在搭建对话桥梁、缓解环境纠纷、募集社会资金、开展宣传教育等方面不可替代的作用，与政府、社区、企业等形成良性互补；鼓励环保领域社会企业依法开展经营性与公益性活动，实现其经济优势与公益优势的结合，促进相关环保公益事业的长期持续发展。充分调动社会组织的组织性和能动性，发挥其基础性作用，与政府间建立广泛参与的“伙伴关系”，充分发挥社会组织在环境政策、法规、规划和标准制定与实施中的咨询参谋作用。

完善公众环境行为激励约束制度。推动生活方式绿色化，是生态文明建设融入经济、政治、文化和社会建设的重要举措，这不仅是政府的责任，更需要每一个公众作为主角来践行。引导公众践行绿色生活方式，首先要构建政府引导、市场响应、公众参与的运行保障长效机制，规范政府、企业和公众的职责和义务，明确分工。开展绿色生活教育，制定公众行为准则，增强道德约束力。建立曝光有害产品的机制，接受公众举报。广泛开展绿色家庭、绿色社区、绿色机关、绿色学校等创建活动，开展绿色产品信息发布，加强对绿色能源和高效节能产品的补贴力度，实施阶梯水电气价格等资源能源消耗约束制度，完善政策支持新能源汽车消费，支持城市发展公共交通和自行车租赁系统，促使公众在理念上认同、在行动上参与，优先采购节能、节水、低污染、低毒的绿色产品，采用步行、骑自行车、乘坐公交地铁等出行方式，自觉节约资源、保护环境。采取有效措施，推进垃圾分类和废旧物品回收循环利用，构建布局合理、管理规范、回收方式多元、重点品种回收率较高的回收循环利用体系。完善群众性创建活动机制，引导公众主动参与环境保护，增强公众环境保护荣誉感。最终，在强有力的制度约束、政策指引以及激励下，公众日常行为越来越倾向于环境友好。

5.4.2.4 畅通公众参与环境管理决策途径

新《环境保护法》明确规定，每个人对环境污染都有责任，环境保护要先从自身做起，同时也有与责任相适应的知情权、监督权和参与权。而让公众获取这些权力的最基本的前提就是要畅通公众参与的途径。政府和企业公开环境信息，是公众参与环境保护最主要的前提。同时，要进一步加强环境宣传与教育，完善公众参与环境决策的路径。

完善环境信息公开制度。规范环境信息公开程序，保障信息公开的速度。明确环境信息公开的范围及重点，保障信息的可靠性，对于不能公开的国家秘密、商业秘密和个人隐私要进行明确界定，不能以此作为环境信息不予公开的借口。对于可以公开的环境信息：①要做到尽早公开、有效公开、全面公开；②要做到公开的信息易于理解，减少使用专业性和技术性的术语；③要做到除法律法规规定的不得公开的环境信息外，其他环境信息都应主动公开，包括环评审批、建设项目竣工环保验收、重点行业和上市环保核查、固体废物进口、企业和环境质量监测、环境专项调查等；④要做到企业事业单位和其他生产经营者的环境违法信息记入社会诚信档案，向社会公开。明确不同主体环境信息公开的方式方法、途径和时间要求，构建统一的环境信息公布与管理平台，发挥政府公报、报刊、广播、电视等主流媒体作用，积极探索网络、手机短信等新兴媒体作用，多渠道发布环境保护信息。健全环境信息公开监督和保障机制，建立公众获取环境信息后的反馈途径。不仅让公众能自由获取环境信息，还能让公众提出信息公开的问题、促进环境信息公开有效的建议。要畅通公众监督举报的路径，如“12369”投诉举报电话、公共投诉电子邮箱、污染及事件随手拍、在线污染地图等，利用好电信及网络系统。

强化环境宣传教育机制。健全环境保护新闻发言人制度，将主流媒体的环境宣传与微博、微信等移动新媒体相结合。将环保教育以立法形式加以确定，以在全国中小学开设环保教育课程、开设教育专栏、举办专题讲座、开展实践活动等形式强化环境教育，形成政府带头、全社会共同参与的立体环境教育网络。借助电视、广播、报刊、网络、手机、微博等媒体作用，解读相关政策。最终形成由点及面、辐射状的学校、家庭与社会融为一体的宣教网络，提高公众生态环保意识，引导全民参与环境保护宣传教育工作。这样构建起来的环境保护宣传与教育共同推进的机制，不仅使公众获得环境保护知识，提升了公众环境保护意识，更能提升其履行环境责任的能力，更好、更有效地参与环境保护决策。

完善公众参与决策的保障制度。在做环境决策过程中，首先需要建立以“开放、共享、协商”为核心的合作机制，界定政府、企业和公众在环境治理领域承担的责任，广泛建立三者之间合作的平台。新修订的《环境保护法》第14条明确规定，国务院有关部门和省、自治区、直辖市人民政府组织制定经济、技术政策，应当充分考虑对环境的影响，听取有关方面和专家的意见。为确保公众参与决策的真正落实并有效，政府在政策最初设置阶段，就要主动邀请公众参与，广泛吸取来自公众的意见，这样制定出的政策更容易被公众接受。政府要制定环境决策公众参与目录，确保在政策法规制定、规划编制布局、治理清单筛选、重大项目建设等过程中实行公众参与。采取公告公示、听证、问卷调查、专家咨询、圆桌会议等形式广泛听取专家和公众意见。建立公众参与环境决策意见处理情况反馈制度，及时公开公众参与行政决策的意见建议采纳情况。

5.5 基于生态环境质量改善的环境基本公共服务政策

5.5.1 基于生态环境质量改善的基本公共服务的含义与内容

5.5.1.1 公共服务与基本公共服务的含义

欧美发达国家学者在社会公共管理领域一般流行“公共服务”，以便于与私人企业机构或慈善机构提供的“以利润为导向的服务”或“社会服务”区分开来，并不流行“基本公共服务”这一概念，就其研究的公共服务社会政治目标而言，应该是为特定时空范围内的公众提供一个满足每一个人的公平、公正且机会均等的社会环境，其终极目的是为了人类社会的可持续发展。发达国家政府公共服务形态的变化是随着政府职能的发展变化而逐步演变的。市场经济史上，政府职能特别是其公共服务职能经过了三次重大演变；同样地，政府形态也经过了三次大的演变过程，逐步由“守夜型”政府向“公共服务型”政府转变。

我国国内的“基本公共服务”的概念，通过其字面语义来看，由“公共”和“服务”两个名词和“基本”一个形容词构成。“公共”一词，一般指公有的、公用的、共同的，这一词语首先表明其隐含着涉及公众的产权、权利相关配置的概念，如公共牧场、公共厕所等，其次，它又是一个相对的概念——公共的范围因其具体语义环境可以有时空范围上的不同界定，如乡村公共水源地、儿童义务教育等。“服务”一词，在古代是“侍候，服侍”的意思，随着时代的发展，“服务”被不断赋予新意，就社会学意义上的服务而言，是指为别人、为集体的利益而工作或为某种事业而工作，如“为人民服务”，一般意义上指不以实物形式而以劳务形式提供的满足他人需要的活动（如协调、咨询、调解等社会活动）。“基本”这个形容词由名词“根本”演替而来，主要强调其基础性作用，也是适应从计划经济时代公共服务的“全包全揽”和改革开放后公共服务严重不足这两个较为极端形态的妥协产物。因此，基本公共服务的直观理解可以表述为：在一定人类社会经济形态下，为满足公众普遍认为是必需的（领域上基本）、恰当的（内容上基本）共同权益而由公共部门所参与或提供的工作或劳务（注：这些共同权益由公共部门来参与或提供也是更有效率的）。

基本公共服务涉及的具体范围随着人们对于公共权益认知感的觉醒而产生，在人们生活水平不断提高的过程中，同样会增加许多权益诉求，这些公共权益诉求也必将逐步纳入公共服务的范畴。自工业社会发展以来，基本公共服务领域从19 世纪中后期的住房和失业救济少数几个领域，发展变化到现代已包括失业救济、住房保障、基础教育、医疗卫生、社会养老、环境保护等多个方面。在我国目前国家公共治理体系和治理能力的现代化进程中，必须以提升基本公共服务的供给能力作为核心目标来建设完善。

5.5.1.2 环境基本公共服务的含义及其内容

广义的环境基本公共服务是指能保障一定时空范围内的公众（个体和法人）在生态环境领域，基于生态服务与环境容量合理利用都可获得公平、公正的发展机会的服务，这种权利不应因环境基础条件、经济发展程度和财政能力的不同而有差异，是保障所有人环境基本权利不可或缺的重要条件。环境基本公共服务不仅仅是指物化的产品或服务，还包括制度安排、法律、宏观经济政策等。

从我国现阶段环境保护管理体制转型的角度出发，狭义的环境基本公共服务可以定义为基于谁污染谁治理、谁受益谁保护的改善城乡生态环境质量的基本公共服务内容。从这一概念出发，对于一般工业企业污染而言，其污染由其自行治理，从道德法律规范和经济效率而言，都是必须和可行的，不存在公共服务的概念，但对于饮用水水源地环境质量保障、城乡居民生活污染治理、污染企业的排污行为监督、环境应急、环境公众参与、环境质量信息监测与公布等必需的环境服务，则是我国现阶段及未来一段时间的环境基本公共服务的重点内容。

环境基本公共服务的内容是由特定国家的客观条件决定的，在不同经济发展阶段，所包含的主要内容和工作重点不同。现阶段我国环境基本公共服务内容包括：①建设污水处理、垃圾处理等环境基础设施并维持运营的环境基础性服务；②对环境质量变化进行监测和评估以及对造成水、大气等环境质量变化的污染行为进行境监管，保障公众清洁水权、清洁空气权及宁静权等生存的基本民生性服务；③健全环境事故应急机制，防范环境突发事故的环境安全性服务；④保障公民参与环境管理的环境信息服务。其中，“十二五”时期确定的环境基本公共服务范围为污水处理垃圾处置、环境监测评估和饮用水水源地安全保障 3 个重点领域。随着国家财力的不断增长，服务项目也在逐步扩展。“十三五”期间可考虑将环境监测监察执法能力建设、环境预警应急能力建设和环境公众参与等纳入环境基本公共服务范围。

5.5.2　基于生态环境质量改善的基本公共服务的推进途径与模式

5.5.2.1　以饮用水水源、生活污水和垃圾处理为基础提升基本公共服务水平

（1）加强乡镇和农村饮用水水源保护。加快推进县域内农村水源保护区和保护范围的划定。各地应实行农村饮用水水源地保护区和保护范围工作目标管理责任制。县级环境保护部门应负责对农村饮用水水源环境保护实施监管，根据农村饮用水水源建设规划，会同有关部门划分农村饮用水水源保护区。对威胁饮水安全的污染建设单位应监督其减少或停止排放污染物，必要时采取关停等强制性应急措施；避免化学物品投放、肥料水产养殖和未按规定排放工业废水等污染农村饮用水水源的违法行为和事故；负责农村饮用水水源保护区设立警示牌、界碑，禁止任何单位和个人改变、破坏。

县级人民政府应定期开展水源保护区（或水源保护范围）内安全风险隐患排查工作。重点加强对化工、酿造、电镀、制革、染料、造纸等企业的排查，建立风险源数据库。编制完善饮用水水源突发污染事故应急预案，加快应急体系建设，有针对性地组织开展应急演练，切实提高应急能力和水平，强化水源地安全风险隐患排查和应急管理水平。建立农村水源的环境管理责任人制度。针对村庄分散式饮用水水源地应安排专人管护，管护职责包括日常巡护（劝止一般污染水源行为，提供水源保护建议以供村民集体表决），协助县级人民政府开展水源保护区（或水源保护范围）内安全风险隐患排查等。

提高县级水源地日常流动监测能力。建立和完善县级水源地水质监测系统。

由县级环境监测部门定期对辖区内农村水源地开展日常监测。由于县域社会经济发展水平不平衡，县级监测能力参差不齐，大部分县级监测站监测经费不足、技术力量薄弱，监测能力不完善，无法独立承担水质监测任务，有些地区只能依赖市级环境监测站或委托有资质机构代为监测，建议加大市级环境监测机构的流动监测能力。

加强现有城乡水源环境污染治理。在一些水量型缺水地区，如果是微污染水源，可以通过一些净化技术处理，水源水质达标后可继续使用。加强乡村畜禽养殖业的污染防治与环境管理，鼓励分散养殖的农户采用种养结合的模式，形成相对完整的循环产业链，有效防治污染。在以地下水为主要饮用水水源地的地区开展渗坑专项整治，重点整治利用渗坑、渗井、旱井排放或者使用无防渗漏措施的沟渠、坑塘等输送或者贮存污水、危险废物的企业。

建立农村水源督查机制。由市级人民政府牵头（注：省直管县由省级人民政府牵头），对农村水源保护进行专项督查，下发督查通报，对发现的问题责令限期整改。对各县（区）政府实施农村水源保护考核制度，每年年底由市农村水源保护工作办公室组织考核，结果向社会公布。加大水源保护区（或水源保护范围）内安全风险隐患排查力度，重点加强对化工、酿造、电镀、制革、染料、造纸等企业的排查，建立风险源数据库。编制完善饮用水水源突发污染事故应急预案，加快应急体系建设，有针对性地组织开展应急演练，切实提高应急能力和水平，强化水源地安全风险隐患排查和应急管理水平。

（2）加强乡镇和农村生活污水处理。在人口密集的乡镇和平原农村地区加强生活污水的收集处理能力建设。对于地理邻近城市或者县城的农村，利用近郊城市的污水处理系统进行统一处理。对于布局紧凑，人口规模较大、经济基础比较好的乡镇或者农村，通过在全村范围内铺设污水处理管网的方式，对全村或者邻近几个村的污水进行集中收集和处理。

在人口较少、居住比较偏远的山区、丘陵地区的农村开展分散治理。对于经济条件较好的农户或居民可以建立适合自己家庭条件的污水处理装置。其他农户或居民利用此类地区的自然和地理优势，优先采用诸如梯级小型湿地自然处理形式共同建设小型污水处理装置。

（3）加强乡镇和农村生活垃圾收集和处理。在人口密度大、交通便利、生活垃圾量较多的地区，分析预测乡镇和农村生活垃圾的产生点位和产生数量，合理布局建设相关垃圾收集处理基础设施，推进基础设施相互之间的联动协调（如县级联动、乡镇联动、村村联动），避免资源浪费，实现优化配置。

在人口密度较小、地理位置偏远、生活垃圾量较少的地方采取流动型服务方式，定期地进行生活垃圾收集，依托已有垃圾处理设施进行垃圾处理。采用成本较低的流动式服务替代需耗费巨大成本的基础设施建设，节约了公共财政，遵循了资源优化配置原则，实现了城乡生活垃圾收集处理资源的流动，但是，该模式的收集处理承载能力有限，维护流动式服务设备日常损耗的费用较大。

5.5.2.2　以“传统包干”模式为主、社会化模式为辅推进环境常规监测服务

对于我国经济发展较好、基本环境监测能力足够、县域面积不大、环境监测市场化运作尚不成熟的县，适合采用环保政府包干的方式，地方环保部门统筹经营管理辖区内城乡环境监测工作，提高县域环境监测基本公共服务水平。由于环境监测社会化在我国许多地区仍处于起步阶段甚至还未出现，所以未来一段时期“传统包干”仍然是国内大部分市县推进城乡环境监测基本公共服务均等化的普遍做法。

随着环境常规监测范围不断扩大、环境监测项目不断增多，传统的环境监测站已经不能完全满足社会大众对环境监测的需求，为降低初期设备采购、实验室建设费用，也可以采用“转让—经营”模式（TO）、“建设—拥有—经营”模式（BOO）以及直接购买服务等社会化模式提高县域环境监测基本公共服务水平。

5.5.2.3　以独立统一、标准规范、公开透明为核心提升环境执法监督服务

实行独立而统一的环境监管。健全“统一监管、分工负责”和“国家督察、地方执法、单位负责”的监管体系，有序整合不同领域、不同部门、不同层次的监管力量，有效进行环境监管和行政执法。加强对有关部门和地方政府执行国家环境法律法规和政策的监督，纠正其执行不到位的行为，特别是地方政府对环保不当干预行为。授权区域环境督查机构对地方政府执行国家环境保护政令、履行环境保护责任的监督力度，实施国家环境总督察制度，将环境执法监督人员纳入公务员序列，研究探索建立环保警察队伍。重点壮大省级环境监察力量，强化市县级环境执法力量，深化企业环境监督员制度。在污染防治、生态保护、核与辐射安全以及环境影响评价、环境执法、环境监测预警等领域和方面，制定科学规范的制度，为实行统一监管和提升执法效能提供保障。

建立标准规范的环境监测执法队伍。建立重心下移、力量下沉的法治工作机制，加强市、县级环境监管执法队伍建设，具备条件的乡镇（街道）及工业集聚

区要配备必要的环境监管人员。现有环境监测执法人员要全部进行业务培训和职业操守教育，经考试合格后持证上岗；新进人员，坚持“凡进必考”，择优录取。研究建立符合职业特点的环境监管执法队伍管理制度和有利于监管执法的激励制度。推进环境监测机构标准化建设，配备调查取证等监管执法装备，保障基层环境监测执法用车。污染源监测执法机构要配备使用便携式手持移动执法终端，规范执法行为。强化自动监控、卫星遥感、无人机等技术监控手段运用。健全环境监管执法经费保障机制，将环境监管执法经费纳入同级财政全额保障范围。

推进执法信息公开透明，规范行政裁量权，强化对监管执法行为的约束。地方环境保护部门和其他负有环境监管职责的部门，每年要发布重点监管对象名录，定期公开区域环境质量状况，公开执法检查依据、内容、标准、程序和结果。每月公布群众举报投诉重点环境问题处理情况、违法违规单位及其法定代表人名单和处理、整改情况。对监管不履职的，发现环境违法行为或者接到环境违法行为举报后查处不及时的，不依法对环境违法行为实施处罚的，对涉嫌犯罪案件不移送、不受理或推诿执法等监管不作为行为，监察机关要依法依纪追究有关单位和人员的责任。国家工作人员充当保护伞包庇、纵容环境违法行为或对其查处不力，涉嫌职务犯罪的，要及时移送人民检察院。实施生态环境损害责任终身追究，建立倒查机制，对发生重特大突发环境事件，任期内环境质量明显恶化，不顾生态环境盲目决策、造成严重后果，利用职权干预、阻碍环境监管执法的，要依法依纪追究有关领导和责任人的责任。

5.5.2.4 以理顺应急体制机制和提升应急保障能力为着力方向加强环境预警应急服务

理顺体制机制，加强预警应急协调联动。建立健全环境预警应急管理机构建设标准。明确规定各级环境保护部门的预警应急管理机构定位、职责，确定各级环境预警应急管理机构建设内容与规模。健全环境预警应急常态化管理机制，以风险排查、风险评估、预测预警、应急处置、损害评估赔偿为主线，将环境预警应急管理具体职责渗透到环境管理的全过程、全方位，有效串联环境预警应急、项目审批、污控、执法、监测等相关部门，围绕环境预警应急工作互通信息、协调联动、综合应对、形成合力。将工作重心由非常态管理拓展到常态管理层面，由应急处置阶段前移至风险管理阶段，对突发环境事件实施全过程管理控制。推进“双跨”联动机制建设，加强跨部门应急协调联动机制建设。健全环境保护部门与交通、安监、公安消防等部门联动机制，推进跨行政区域上下游环境应急联动机制建设，跨行政区域上下游地方环保部门建立联动机制，强化应急联动，共同防范、互通信息、联合监测、协同处置，做到应急防范“一条心”、应急指挥“一盘棋”、应急监测“一张图”、应急物资“一体化”，采取有效措施控制污染，确保饮用水水源地等环境敏感目标环境安全。

加强环境应急能力建设，提升应急保障水平。健全环境应急专家库，加强风险控制、环境损害鉴定评估、污染修复等领域专家配备，配套建立专家快速响应机制和工作评估制度，充分发挥专家的专业技能，为突发环境事件应急决策提供科学依据。提高环境应急信息化能力。完善环境应急管理综合系统建设。加快环境风险源基础信息系统、环境应急基础数据库系统、环境监测监控预警系统、环境应急辅助决策支持系统、环境应急救援资源调度系统、环境损害评估系统及环境应急处置后期监控评价系统的基础信息采集、录入，加强系统应用。建立健全环境应急指挥平台。完善环境应急平台的通信网络环境，满足图像传输、视频会议和指挥调度等功能要求。推动应急信息网络平台建设。加强环境应急信息报告、环境应急管理、在线监测网络、信息化能力建设等的有机结合，促进资源共享和整合。确保应急状态下信息传输及时、畅通。构建上下贯通、左右衔接、安全畅通的应急信息网络平台。完善应急物资装备体系，推进环境应急能力标准化建设。分级加强全国环境应急监测设备、防护装备、指挥及通信装备等的基础建设，省级重点加强应急指挥能力，地市级重点加强应急监测、应急响应装备建设，县级重点加强人员防护、调查取证装备建设。加强环境应急物资装备的针对性配备，构建国家、省、市三级环境应急物资储备体系。建立环境应急物资装备保障制度，探索基于企业群和行业间的环境应急物资装备社会化保障模式。

5.5.2.5 以信息公开、渠道拓宽为主要手段提高公众参与环境管理的服务水平

按照新《环境保护法》要求，推进环境保护相关信息公开，保障公众的环境信息知情权，提升公众维护自身环境权益的针对性。主动实施政府环境信息公开，建立政策法规、项目审批、案件处理、环境质量、环境管理等公布制度，健全环境立法、规划、重大政策和项目等听证制度，探索实行社区环境圆桌对话机制。大力推动企业环境信息公开。企业应定期监测，公开污染物排放和环境治理等详细信息，接受公众监督。健全公众参与制度。进一步完善环境立法、规划、重大政策和重点建设项目环评等的听证制度，扩大听证范围，规范听证程序。

完善社会监督机制，拓宽环境公众参与渠道，提升公众维护自身环境权益的

力度。引导和鼓励公众对企业环境行为进行监督，赋予公众监督环境信息公开的权利，以及对不能实现此权利的救济途径，鼓励有奖举报，建立企业主动作为、社会制衡、长效良治的社会氛围。建立政府、企事业单位、公众定期沟通对话的协商平台，拓展企业、公众等利益相关方参与决策的渠道。促进我国环境保护NGO组织的规范化建设，推行环境公益诉讼。鼓励有奖举报。引导新闻媒体，加强舆论监督。发挥NGO组织在环境社会管理中的积极作用，推进环境监测的社会化服务水平，鼓励和引导环保公益组织参与社会监督。

5.5.3 基于生态环境质量改善的基本公共服务政策保障方案

5.5.3.1 加强环境基本公共服务的法律保障水平

以法律的形式明确规定各级政府环境基本公共服务的供给责任，界定环境基本公共服务的范围和内容，尽快开展环境基本公共服务事权的立法化，并在此基础上逐步推进环境基本公共服务的财权立法。在环境基本公共服务的事权划分方面，应通过公共服务的效益和覆盖范围确定各级政府在其中的责任，明确各级政府间的关系，减少不同层级政府在提供公共服务时互相推诿的可能性。中央政府应主要以均衡地区间的环境基本公共服务差距为主，重点扶持欠发达地区和贫困地区的环境基本公共服务的支出，地方政府则主要协调城乡之间的公共服务差距。

完善的环境基本公共服务法律体系应包括3个部分的内容，首先是环境基本公共服务的实体性法规，其次是平衡各级政府财政能力和约束政府行为的公共财政法律，如转移支付法、公共预算法、政府采购法等，最后是建立公众参与与社会监督机制的信息公开、公共服务绩效考核等行政性法规。以行政性法规的形式，建立并完善环境基本公共服务的信息公开与公共服务绩效考核机制，推进环境基本公共服务中的社会监督。制定和完善有关财政转移支付的法规，就转移支付制度的原则、内容、形式、依据、用途和监督等以立法形式予以规范。同时，还需要制定关于政府间财政转移支付的单行法规，对财政转移支付的政策目标、资金来源、分配形式、分配程序、分配公式等做出具有权威性的统一规定，确保规范化的财政转移支付制度建设有法可依。

5.5.3.2 加强环境基本公共服务的财政保障水平

明确各级政府基本公共服务的支出责任。在各级政府间合理划分环境基本公共服务的职责范围，在此基础上，明确各级政府环境基本公共服务的支出责任。根据环境基本公共服务均等化的最低保障标准和服务标准，测算各级政府所需要的财政支出规模，进而确定各级财政转移支付的额度。改善城乡财政投入失衡局面，把提高农村基本公共服务水平作为重中之重。调整中央财政支出，减少经济建设支出比例，明显增加环境保护等基本公共服务支出比例，加大对农村和中西部基本公共服务的投入力度，实现环境基本公共服务支出的城乡均衡发展。

按照各级政府的支出责任均衡配置财力。改革财政制度，改变现有的政府间财政关系，建立与事权相匹配的财政分配制度，化解因财权划分模式与事权划分模式背离所造成的各级政府责任与能力的不匹配。在各级政府间合理配置财权的同时，建立规范的环境基本公共服务的转移支付制度，实现政府间财政能力均等化来平衡政府间财力。东部发达地区以省、直辖市为主建立环境基本公共服务投入体制，中部地区以中央和省为主，西部地区以中央为主。加大对农村公共服务转移支付的力度并建立转移支付的长效机制，强化城乡环境基本公共服务均等化和公平化的财政基础，提升环境基本公共服务的效率和公平。

我国中央和省级政府财政能力比较强、基层财力比较薄弱的格局在相当一段时期难以改变，完善政府间转移支付仍是实现财政能力均等化的主要手段。因此，应清理专项转移支付种类，逐步减少税收返还规模，加大一般性转移支付创新环境基本公共服务转移支付额度测算方式，以公民个体之间可比的环境基本公共服务标准作为平衡地域之间、城乡之间、群体之间转移支付的依据。对地方辖区的财政能力和支出需求进行切实的计量，以实际服务需求为依据，兼顾人口、服务供给成本等因素，科学合理地确定各地转移支付规模，并以法律形式予以确立。只有这样，才能既使中央政府从提高地方政府对其支持的压力下解脱出来，又可为地方政府提供具有可预见性和稳定性的分配机制。

确保环境基本公共服务的支出效果，合理调整政府财政支出结构。基层政府需重新配置财政资源，调整支出结构，扩大环境基本公共服务支出的份额，降低财政资本性支出比重和行政管理支出。公开财政收支明细账，提高资金使用效率；建立财政对环境基本公共服务的投入增长机制。加强和规范预算外资金和经营性收入的管理，巩固环境基本公共服务的财政保障基础。因此，应开征环境税等新税种，改革资源税制，培育地方政府履行公共服务职能的稳定财源。适当强化省级政府的地方税收管理权，确保省级政府能统筹安排辖区内的财权配置，增强其财力调节能力。适当放宽地方政府税收权限，按适当比例进行税收返还，使各级政府的“事权”和“财力”相匹配。

5.5.3.3　加强农村环境基本公共服务供给水平

加强农村环保机构及其能力建设，加大农村环境公共服务的供应力度，充实服务内容。目前农村基层环保机构很不健全。农村最基层的环保系统是县一级环保机构，县级以下政府基本上没有专门的机构和专职工作人员。农村地区的环境监测、统计和环境监察工作基本处于空白，造成环境污染破坏无人管理、环保咨询无处咨询。因此，应在乡镇和村一级配备专职环境管理干部和人员，制定有关职责职权规定，为加强乡镇一级的环境监督管理和执法提供组织上的保证。与此同时，针对农村环境污染特点，逐步建成农村环境治理和环境质量监测体系，系统开展对农村水、土壤、大气、农畜产品质量的监测、检验与预警工作。

建立城乡一体化的环境基本公共服务管理体制，打破城乡间行政分割。具体而言，可以省级政府为主体，尝试建立省内一体化的监督管理体制。在省一级行政区划范围内，建立统一的省级环保部门派出机构，明确派出机构的法律地位、权限和职责，赋予派出机构对省以下各地方政府、地方环境保护部门的监管权，确保环境保护行政机构的单独设立和环境保护行政职能的实现。这一体制的建立，将有利于打破二元化环境基本公共服务管理体制，加强农村地区与经济不发达地区基层政府的环保治理能力和服务能力，促进城乡间环境基本公共服务均等化的实现。

5.5.3.4　加大环境基本公共服务的公众参与力度

加强公众的全过程参与。继续推行环保信息公开，通过信息公示、开展立法与行政许可听证等多种形式，保证公民环境信息知情权，发挥社会监督的作用，提高政府履行环境基本公共服务职责的有效性。完善民意沟通渠道，建立制度化的利益表达机制，把握环境基本公共服务的实际需求，以保证环保公共产品供给的科学合理，实现政府公共支出的社会效用最大化。

扩大公民在公共服务问责制度中的参与权和监督权，建立公开透明的公共服务绩效评价机制和问责制。建立科学的评价体系和适当的沟通反馈机制，应将公众纳入环境基本公共服务的评价体系，通过公众对服务方式和效率进行及时评价，了解公众对服务的满意程度，发现服务供给中的腐败和低效环节，督促各级政府纠正其错误，使得有限财力下的公共服务供给效率得到最大化。

5.5.3.5　拓宽环境基本公共服务的多元化投资渠道

构建社会参与的多元供给机制。从我国国情出发，基本公共服务可以采取“政府主导型、民间公益组织志愿型、民间互助组织自主型以及企业经营型”的多元供给机制。政府以其独特的优势依旧在环境基本公共服务的供给中处于核心地位，专业性的民间公益组织可专注于污染治理、环境保护等，民间互益互助组织通过可信承诺，在多方博弈中同样可以提供满足群体需要的公共产品，如农村的生活垃圾处理等环保公共基础设施建设。尤其是对于具有部分竞争性或部分非排他性的服务，如污水处理、废弃物收集处理等环境基础设施的建设与运营领域，可以充分利用市场力量和社会组织进行供给，实现供给主体多元化和供给竞争化。积极发挥市场在公共服务供给中的作用，鼓励社会力量参与公共服务供给，首先需要政府转变思维，从对公共事务大包大揽的旧观念中解放出来，向社会放权，逐步实现环境基本公共服务供给主体多元化、供给方式多样化和资金来源多元化。

积极营造社会组织发育、成长的空间和制度环境。政府要将自我定位为服务者的角色，简化行政审批手续，为多元供给创造便利的政策条件和社会环境。清理行政审批手续，退出与民争利的领域，完善公平竞争的市场秩序。政府可以通过委托代理、合同承包、许可经营、向市场购买服务等多种方式，为社会组织和市场力量参与提供环境基本公共服务创造条件和空间，实现供给方式多样化。

探索环境基本公共服务市场供给的有效模式。在明确政府在基本公共服务供给中最终责任的前提下，可以通过招标采购、合约出租、特许经营、政府参股等形式，将原由政府承担的部分公共职能交由市场主体行使。可以考虑开放经营性公共服务市场，消除社会资本进入障碍，营造有利于各类投资主体公平、有序竞争的市场环境，以打破传统公共产品生产模式的垄断状态。尽快把某些公益性、服务性、社会性的公共服务职能转给具备一定条件的非营利性民间组织，在政府和民间组织之间建立起一种取长补短的平衡关系和合作关系。

积极探索政府购买服务的方式，通过税费减免、财政转移支付等多种形式，鼓励和引导民间组织广泛参与环境基本公共服务。尤其是农村地区的环境基本公共服务，需求点分布较为分散而整体需求量较大，不适宜采取与城市地区相同的服务供给方式，因此，可以根据各地农村的实际需求，采取村民融资生产供给、市场机制供给或农民自筹、社会投资和政府补助鼓励相结合的方式，逐步完善和加强农村地区的环境基本公共服务。

参考文献

[1] “十三五”时期加强污染防治的主要任务（环办函〔2015〕387号）.

[2] 李克强在第七次全国环保大会上的讲话（全文）. 中国新闻网，http://www.chinanews.com/gn/2012/01-04/3580887.shtml.

[3] 2015年能源工作会议.

[4] 北京师范大学科学发展观与经济可持续发展研究基地，等. 2013 中国绿色发展指数报告[M]. 北京：北京师范大学出版社，2013.

[5] 常纪文. 国家治理体系：国际概念与中国内涵[N]. 中国科学报，2014-08-08.

[6] 常纪文. 推动党政同责是国家治理体系的创新和发展[N]. 中国环境报，2015-01-22.

[7] 陈佳贵，黄群慧，等. 中国工业化进程报告[M]. 北京：中国社会科学出版社，2007.

[8] 陈学彬. 对我国宏观经济波动的AD-AS模拟分析[J]. 经济研究，1995（5）：59-69.

[9] 杜群，李丹.《欧盟水框架指令》十年回顾及其实施成效述评[J]. 江苏社会科学，2011（8）：19-26.

[10] 傅涛. 警惕环保领域的过行政化倾向. E20环境平台，2015.

[11] 高坚，杨念. 中国的总供给—总需求模型：财政和货币政策分析框架[J]. 数量经济技术经济研究，2007（5）：3-11.

[12] 高仰光. 透明度源于多元化——德国大气质量信息公开的立法与实践[J]. 环境保护，2010（13）：72-73.

[13] 国家新型城镇化规划（2014—2020年）.

[14] 国家信息中心. 我国“十三五”时期经济增长潜力测算.

[15] 韩冬梅，任晓鸿. 美国水环境管理经验及对中国的启示[J]. 河北大学学报（哲学社会科学版），2014，39（5）：118-122.

[16] 胡鞍钢. 中国国家治理现代化[M]. 北京：中国人民大学出版社，2014：128.

[17] 环境保护部. 2013中国环境质量报告[M]. 北京：中国环境出版社，2014.

[18] 环境保护部大气污染防治欧洲考察团. 欧盟大气环境标准体系和环境监测主要做法及空

气质量管理经验——环境保护部大气污染防治欧洲考察报告之三[J]. 环境与可持续发展，2013（5）：11-13.

[19] 环境保护部大气污染防治欧洲考察团. 欧盟污染物总量控制历程和排污许可证管理框架——环境保护部大气污染防治欧洲考察报告之二[J]. 环境与可持续发展，2013（5）：8-10.

[20] 黄文飞，卢瑛莹，王红晓，等. 基于排污许可证的美国空气质量管理手段及其借鉴[J]. 环境保护，2014（5）：63-64.

[21] 李红祥. 如何推行环境公共服务均等化[N]. 中国环境报，2012-03-27.

[22] 李培，陆铁青，杜谖，等. 美国空气质量监测的经验与启示[J]. 中国环境监测，2013，29（6）：9-14.

[23] 刘丽荣. 鲁尔区如何实现华丽转身[N]. 中国环境报，2013-06-26（07 版）.

[24] 马可佳. 人口老龄化让创新能力流失[N]. 第一财经日报，2012.

[25] 马晓河，等. 中国城镇化实践与未来战略[M]. 北京：中国计划出版社，2011.

[26] 能源发展战略行动计划（2014—2020 年）.

[27] 尼尔森. 全球汽车消费者调研报告. http://www.askci.com/news/201405/13/1314492244332.shtml.

[28] 施维荣.《欧盟水框架指令》简介及对中国水资源综合管理的借鉴[J]. 污染防治技术，2010，23（6）：41-45.

[29] 十八届三中全会. 中共中央关于全面深化改革若干重大问题的决定. 2013-11-12.

[30] 苏盼盼，叶属峰，过仲阳，等. 基于 AD-AS 模型的海岸带生态系统综合承载力评估——以舟山海岸带为例[J]. 生态学报，2014（3）：718-726.

[31] 王金南. 运用“四力”法则 推进环保机构改革[N]. 中国环境报，2008-05-09（02 版）.

[32] 王文甫，明娟. 总需求、总供给和宏观经济政策的动态效应分析——AD-AS 模型与中国数据的匹配性[J]. 数量经济技术经济研究，2009（11）：39-50.

[33] 王子博. 中国宏观经济的走势: 基于 AD-AS 模型的分析[J]. 经济研究导刊，2009（3）：9-10.

[34] 吴舜泽，逯元堂，朱建华，等. 尽快构建完善的环保投融资政策体系，化解财税改革产生的环保投资和经费保障“阵痛”[J]. 重要环境决策参考，2014，10（2）：1-5.

[35] 吴舜泽，万军，于雷，等. 城市环境总体规划编制实施的技术实践和初步考虑[J]. 重要环境决策参考，2013，9（9）.

[36] 徐高. 斜率之谜：对中国短期总供给/总需求曲线的估计[J]. 世界经济，2008（1）：47-56.

[37] 薛文博，付飞，王金南，等. 基于全国城市 $PM_{2.5}$ 达标约束的大气环境容量模拟[J]. 中国环境科学，2014（10）.

[38] 张一鸣. 当前我国政府执行力建设研究[D]. 中共上海市委党校，2008.

[39] 赵华林. 借鉴经验创新大气环境管理工作[N]. 中国环境报，2014-07-31（02 版）.

[40] 中国工程院. 中国环境宏观战略研究[M]. 北京：中国环境科学出版社，2011.

[41] 中国环境状况公报 2013. 中国环境监测总站网站，2014.

[42] 中国实现“十二五”环境目标机制与政策课题组. 治污减排中长期路线图研究. 北京：中国环境出版社，2013.

[43] 中研网：http://www.chinairn.com/news/20150116/163614451.shtml，2015-01.

[44] 周生贤. $PM_{2.5}$：环境管理需以环境质量为目标导向[N]. 经济日报，2012-05-04.

[45] 周生贤. 改革生态环境保护管理体制[N]. 人民日报，2014-01-30.

[46] 周生贤. 向污染宣战要打好三大战役. http://www.mep.gov.cn/gkml/hbb/qt/201403/ t20140331_269883.htm，2014.

[47] 竹立家. 国家治理体系重构与治理能力现代化[J]. 中共杭州市委党校学报，2014（1）：19-21.

[48] 左学金. 中国人口负增长前瞻[J]. 鸿儒论道，2014（10）.

[49] H. 钱纳里，S. 鲁宾逊，等. 工业化和经济增长的比较研究[M]. 上海：上海三联书店，1989.

[50] Steven R. Brown.In search of budget parity: states carry on in the face of big budget shifts, ecostates[J]. The Journal of the Environmental Counsel of States Summer，2005：3-5.

[51] U.S. Environmental Protection Agency. 2011−2015 EPA Strategic Plan.